纯电动汽车动力电池及管理系统设计

主　编　董艳艳　王万君

副主编　郭三华　张之超　徐加爽　曹丽娟

参　编　唐国锋　李晓艳　王艳超

北京理工大学出版社
BEIJING INSTITUTE OF TECHNOLOGY PRESS

内 容 简 介

本书以目前电动汽车核心技术之一——动力电池及电源管理为主题,内容涵盖纯电动汽车各类动力电池的结构、原理和特点,动力电池管理系统的设计与应用以及纯电动汽车充电技术,并结合目前最新的纯电动汽车发展技术,有针对性地详细讲解了纯电动汽车动力电池及其管理系统的关键技术,内容深入浅出,使读者在轻松愉悦的环境下迅速了解纯电动汽车动力电池相关新技术及应用情况。

本书适用于高职高专院校的汽车电子技术类、新能源汽车技术类、机电类等专业的电动汽车动力电池课程的教学,也可作为应用型本科院校、中职和培训班的教材以及汽车新技术及电动汽车维修人员的参考书。

图书在版编目 (CIP) 数据

纯电动汽车动力电池及管理系统设计/董艳艳,王万君主编. —北京:北京理工大学出版社,2017.4(2020.9 重印)

ISBN 978-7-5682-4008-6

Ⅰ.①纯… Ⅱ.①董…②王… Ⅲ.①电动汽车-蓄电池-系统设计

Ⅳ.①U469.702

中国版本图书馆 CIP 数据核字 (2017) 第 096450 号

出版发行 / 北京理工大学出版社有限责任公司

社　　　址 / 北京市海淀区中关村南大街 5 号

邮　　　编 / 100081

电　　　话 / (010)68914775(总编室)
　　　　　　　(010)82562903(教材售后服务热线)
　　　　　　　(010)68948351(其他图书服务热线)

网　　　址 / http://www.bitpress.com.cn

经　　　销 / 全国各地新华书店

印　　　刷 / 三河市华骏印务包装有限公司

开　　　本 / 787 毫米 × 1092 毫米　1/16

印　　　张 / 10　　　　　　　　　　　　责任编辑 / 李秀梅

字　　　数 / 236 千字　　　　　　　　　　文案编辑 / 杜春英

版　　　次 / 2017 年 4 月第 1 版　2020 年 9 月第 5 次印刷　　责任校对 / 孟祥敬

定　　　价 / 32.00 元　　　　　　　　　　责任印制 / 李志强

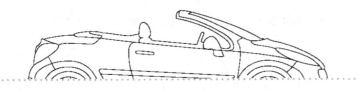

前 言
PREFACE

目前，世界各国都在大力发展新能源汽车，我国更是将其列入七大战略性新兴产业之中。节能与新能源汽车的发展是我国减少石油消耗和降低二氧化碳排放的重要举措之一，中央和地方各级政府对其发展高度关注，陆续出台了各种扶持培育政策，为新能源汽车的发展营造了良好的政策环境。近年来，我国新能源汽车产业在行业标准、产业联盟、企业布局、技术研发等方面也取得了明显进展，有望肩负起中国汽车工业"弯道超车"的历史重任。

本书以目前电动汽车核心技术之一——动力电池及电源管理为主题，内容涵盖纯电动汽车各类动力电池的结构、原理和特点，动力电池管理系统的设计与应用以及纯电动汽车充电技术，并结合目前最新的纯电动汽车发展技术，有针对性地详细讲解了纯电动汽车动力电池及其管理系统的关键技术，内容深入浅出，使读者在轻松愉悦的环境下迅速了解纯电动汽车动力电池相关新技术及应用情况。不仅满足高职院校教学需要，而且也适合对电动汽车感兴趣的人们阅读和学习。

全书共分7章，第1章介绍了电动汽车的发展历史及现状，简单阐述了纯电动汽车的基本结构，使读者能够全面了解动力电池在纯电动汽车上的作用及动力电池目前的发展状况；第2章讲解了与纯电动汽车动力电池相关的基本概念和基本参数，使读者能够直观了解动力电池的性能及选择方法；第3章详细讲授了目前纯电动汽车常用的动力电池及其特性，并结合目前纯电动汽车市场上常用的电池进行原理的讲解及性能分析；第4章在第3章的基础上详细介绍了动力电池的设计方法及应用技术；第5章和第6章对动力电池电池管理系统的结构、功能及工作原理进行深入浅出的讲解，使读者了解动力电池系统的工作过程、原理以及制动能量回收系统；第7章介绍了电动汽车的充电技术。

本书在编写的过程中查阅了大量书籍、文献和资料，应用了一些网上资料和参考文献中的部分内容，在此向其作者表示深切的谢意，同时对书中所用图片的拍摄者及制作者表示感谢。

本书由董艳艳和王万君任主编，负责本书的总体策划及全书的编写指导。董艳艳完成本书第1~3章内容的编写，张之超负责第4章内容的编写，王万君和郭三华负责第5~7章内容的编写，书中的图片及数据采集部分由唐国锋和曹丽娟完成，同时李晓艳、徐加爽、王艳超等人也参与了本书的编写及校对工作，并提出了许多中肯的意见和建议，在此一并表示衷心的感谢。

由于时间紧迫和编者水平有限，书中的缺点和不足在所难免，恳请读者批评指正。

编　者

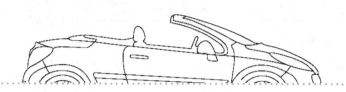

目 录
CONTENTS

第1章　绪论 …………………………………………………… 001
　　导读 ………………………………………………………… 001
　1.1　纯电动汽车的基本知识 ……………………………… 001
　1.2　电动汽车及动力电池的发展历史 …………………… 003
　1.3　电动汽车动力电池技术的发展现状及趋势 ………… 010
第2章　纯电动汽车动力电池的基本概念 ………………… 017
　　导读 ………………………………………………………… 017
　2.1　动力电池的概念及分类 ……………………………… 017
　2.2　动力电池的原理与结构 ……………………………… 018
　2.3　动力电池的参数及性能指标 ………………………… 021
　2.4　电动汽车对动力电池的要求 ………………………… 026
第3章　纯电动汽车常用动力电池 ………………………… 029
　　导读 ………………………………………………………… 029
　3.1　铅酸蓄电池 …………………………………………… 029
　3.2　碱性电池 ……………………………………………… 039
　3.3　锂离子电池 …………………………………………… 048
　3.4　燃料电池 ……………………………………………… 059
　3.5　用作动力源的其他电池 ……………………………… 065
第4章　动力电池设计应用 ………………………………… 073
　　导读 ………………………………………………………… 073
　4.1　动力电池一致性设计 ………………………………… 073
　4.2　动力电池的热管理系统设计 ………………………… 079
　4.3　动力电池的性能测试 ………………………………… 083
第5章　动力电池管理系统 ………………………………… 088
　　导读 ………………………………………………………… 088
　5.1　概述 …………………………………………………… 088
　5.2　电池管理系统的基本结构及功能 …………………… 089
　5.3　数据采集方法 ………………………………………… 091
　5.4　电量管理系统 ………………………………………… 095
　5.5　均衡管理系统 ………………………………………… 096
　5.6　热管理系统 …………………………………………… 107

5.7 数据通信系统 ······ 109

5.8 电池管理系统的故障诊断与分析 ······ 111

第6章 动力电池系统设计 ······ 114

导读 ······ 114

6.1 电动车辆能耗经济性评价参数 ······ 114

6.2 电池系统与整车的匹配方法 ······ 116

6.3 电池包结构与设计 ······ 121

6.4 动力电池的梯次利用与回收 ······ 124

第7章 电动汽车充电技术 ······ 126

导读 ······ 126

7.1 概述 ······ 126

7.2 充电机 ······ 136

7.3 充电站 ······ 146

参考文献 ······ 152

第1章

绪论

◆ 了解纯电动汽车及动力电池的发展现状。
◆ 了解纯电动汽车的结构和组成。
◆ 熟悉目前常用的动力电池及其特点。

🎡 导读

随着全球能源危机和大气污染日益严重，高速发展的汽车行业对世界环境和能源的影响越来越大。为此世界各国对发展纯电动汽车（Electric Vehile，EV）和混合动力电动汽车（Hybrid Electric Vehile，HEV）高度重视，美国 2002 年推出了 "Freedom Car&Vehile Technology" 计划；中国政府自 2000 年开始实施 "清洁汽车行动" 计划，使电动汽车行业有了巨大发展，电动汽车被列入国家 "863" 发展计划，因此也加快了 EV 和 HEV 的研发进程。作为车载动力的动力电池的研发成为 EV 和 HEV 发展的主要瓶颈。

🎡 1.1 纯电动汽车的基本知识

依照中华人民共和国工业和信息化部 2009 年 6 月 17 日发布的《新能源汽车生产企业及产品准入管理规则》，新能源汽车是指采用非常规的车用燃料作为动力来源（或使用常规的车用燃料，采用新型车载动力装置），综合车辆的动力控制和驱动方面的先进技术，形成的技术原理先进，具有新技术、新结构的汽车。

新能源汽车包括混合动力电动汽车、纯电动汽车（包括太阳能汽车）、燃料电池电动汽车（Fuel Cell Electric Vehicle，FCEV）、氢发动机汽车、其他新能源（如高效储能器、二甲醚）汽车等类别。

1.1.1 纯电动汽车的定义

纯电动汽车是指以车载电源为动力，用电机驱动车轮行驶，符合道路交通、安全法规各项要求的车辆，一般采用高效率充电蓄电池作为动力源。纯电动汽车不需要内燃机，因此，纯电动汽车的电机相当于传统汽车的发动机，蓄电池相当于原来的油箱，电能是二次能源，来源可以是风能、水能、热能、太阳能等多种方式。在汽车污染较为严重的今天，这些能源的突出特点就是排放零污染，即 ZEV。

纯电动汽车具有两个重要特点：一是搭载可拆卸的电化学和机电能源；二是牵引力仅由电机提供。图 1-1 所示为纯电动汽车的系统框图，连接汽车能量源和车轮的部分称为动力传动系统，它是机电能源转换系统，既有电气元器件，又有机械部件。

储能装置如电池组用来存储所需能量，并实现能源传输。可用于发电以驱动车辆的能源很多，如化石燃料、太阳能等。作为整个汽车的动力来源，动力电池在整个纯电动汽车系统中起着非常重要的作用。本课程我们就重点来介绍纯电动汽车的储能装置——动力电池。

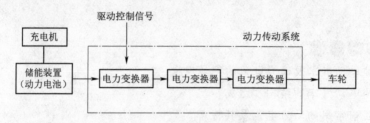

图 1-1　纯电动汽车的系统框图

1.1.2　纯电动汽车的基本结构

纯电动汽车的结构主要由电力驱动控制系统、汽车底盘、车身以及各种辅助装置等部分组成。除了电力驱动控制系统，其他部分的功能及结构组成基本与传统汽车相同，不过有些部件根据所选的驱动方式不同，已被简化或省去了。因此，电力驱动控制系统既决定了整个纯电动汽车的结构组成及其性能特征，也是纯电动汽车的核心，它相当于传统汽车中的发动机与其他功能以机电一体化方式相结合，这也是与传统内燃机汽车最大的不同点。电力驱动控制系统的组成与工作原理如图 1-2 所示，它由电力驱动模块、车载电源模块和辅助模块三大部分组成。这里我们重点介绍一下车载电源模块。

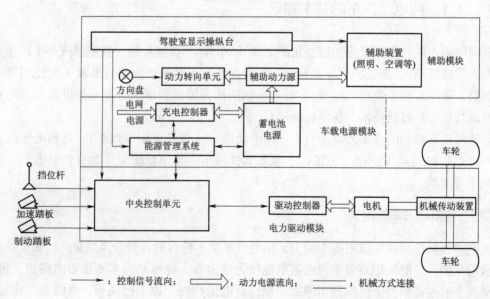

图 1-2　电力驱动控制系统的组成与工作原理

习惯了传统汽车的发动机、底盘、车身和电气四大组成部分的人可能在想，电动汽车的动力电池安装在哪里呢？那我们就先来认识一下电动汽车的动力电池。如图 1-3 所示，这是北京汽车公司生产的 EV200 纯电动汽车的动力电池，它由多个电池包组成一个整体，位于传统汽车的底盘位置。图 1-4 所示为目前大多数电动汽车动力电池的安装位置。

图 1-3　北汽 EV200 纯电动汽车动力电池

动力电池

图 1-4　动力电池安装位置

1.2　电动汽车及动力电池的发展历史

1.2.1　电动汽车的发展历史

电动汽车市场竞争越来越激烈，除了特斯拉外，传统汽车生产商也在大力投资电动汽车市场，其中包括通用、大众等。不过，电动汽车并非什么新鲜事物，它已经存在 100 多年的时间，并且一度还是最流行的汽车类型。下面，我们将带领大家一起回顾电动汽车的百年发展史。

第一阶段，电动汽车的诞生阶段。

电动汽车是世界上最古老的汽车之一，比内燃机汽车的出现早了半个多世纪。1832—1839 年，苏格兰商人罗伯特·安德森用不可再充的蓄电池研发出电动汽车。

1835 年，荷兰教授西博兰斯·斯特町（Si brandus Stratingh）设计了一款小型电动车——应用法拉第电磁感应原理组装的一台电动三轮车。

第二阶段，电动汽车的首个全盛时期。

1899—1900 年，电动汽车的销量比其他类型的汽车销量都要好。实际上，根据全美人口调查局的调查，1900 年，电动汽车生产量占到美国汽车总产量 28% 的份额，所出售的电动汽车总价值超过了当年汽油汽车和蒸汽汽车的总和。

早期电动汽车基本上是一些由电池驱动的无马马车，如图 1-5 所示。与蒸汽汽车或者汽油汽车不同，电动汽车不会散发味道，没有噪声和振动，且操作非常简单。燃油汽车必须人工控制起动，需要驾驶员在驾车过程中变换挡位等。蒸汽汽车尽管不需要手动变挡，但是它们的起动得花些时间，并且续驶里程没有电动汽车长。

图 1-5　早期的电动汽车

第三阶段，到 1935 年，电动汽车风光不再。

从 19 世纪末到 20 世纪初，这是电动汽车的黄金时期，电动汽车生产在 1912 年达到顶峰。当时，福特生产的燃油汽车价格要比电动汽车价格便宜很多。例如，1912 年，一款电动敞篷车的售价高达 1 750 美元，而一款燃油汽车的售价仅为 650 美元。不过，电动汽车的黄金时代并没有持续太久，20 世纪 20 年代后，内燃机技术达到一个新水平，装备内燃机的汽车速度更快，加一次油可持续巡航里程是电动汽车的 3 倍左右，且使用成本低。相比之下，电动汽车的发展进入瓶颈时期，在降低制造成本和改善使用便利性方面没有明显的进步……这种背景下，电动汽车很快失去了存在的意义，在 1935 年左右电动汽车基本上就从欧美汽车市场中消失了。

第四阶段，20 世纪六七十年代电动汽车市场复苏。

20 世纪 70 年代石油危机爆发，给世界各国政界一次不小的打击，因此世界各国开始考虑替代石油的其他能源，人们开始重新重视电动汽车的技术开发。1970 年，美国颁布了《清洁空气法案》，再加上 1973 年爆发的第一次石油危机，激发了人们开发燃油汽车替代品的兴趣。到 1976 年，美国国会采取措施，通过了纯电动汽车和混合动力电动汽车研究开发和示范法案，该法案由美国能源部授权，用于支持和开发纯电动汽车和混合动力电动汽车。

20 世纪 70 年代的电动汽车生产市场上，两家公司成为领导者，其中排名第一的是 Sebring - Vanguard，它生产了超过 2 000 辆 CitiCars 电动汽车，这也是美国销量最高的电动汽车，直到 2011 年被特斯拉 Model S 超越。CitiCars 最高速度达到 44 英里①/时，续航里程为 50 ~ 60 英里。另一家公司是 Elcar 公司，其生产的 Elcar 电动汽车最高速度达到 45 英里/时，续航里程为 60 英里，价格在 4 000 ~ 4 500 美元。

第五阶段，电动汽车并非美国独有，而是呈现百花齐放的状态。

宝马在 1972 年夏季奥林匹克运动会上展示了其首款电动汽车——宝马 1602E（见图 1 - 6），这款电动汽车由 12 个铅酸蓄电池组驱动，拥有 42 马力②电动机，最高速度能够达到 62 英里/时。不过，这款汽车并没有进入量产。

图 1 - 6　宝马 1602E 电动汽车

在 20 世纪 70 年代，越来越多的电动汽车出现了，但是大多销量一般，主要受限于时速、续航里程和外形设计。进入 20 世纪 80 年代后，电动汽车受欢迎度逐渐减弱。

第六阶段，20 世纪 90 年代，废气排放量监管促使汽车生产商将目标投向电动汽车，电动汽车的发展进入鼎盛时期。

美国 1990 年颁布的《清洁空气法修正案》和 1992 年颁布的《能源政策法案》促使市场对电动汽车再次进行投资。美国加州空气资源委员会甚至还通过一项新的法规，要求汽车生产商需生产和销售零废气排放的汽车，这样才允许他们在该州出售其他车辆。从此各大汽车厂商纷纷投入对电动汽车的研发和生产，自此各种车型的电动汽车如雨后春笋般不断上市，并呈现出欣欣向荣的景象。

从 1996 年开始，通用汽车公司共生产了 1 117 辆 EV1 电动汽车（见图 1 - 7），不过这款汽车仅在美国几个州使用，并且不能卖，只能租。据悉这款电动汽车续航里程能够达到 100 英里，从 0 加速到 60 英里/时只需要 7 s。由于 EV1 并不盈利，通用在租赁期到后，全部召回了这些电动汽车，并销毁了其中的大部分，只留下 40 辆捐赠给博物馆或者其他组织。

日本丰田公司也在 1997 年生产了第一批丰田 Prius 电动汽车，如图 1 - 8 所示。Prius 2000 年开始进入全球市场，它也是第一批规模化生产的混合动力电动汽车。在全球推

① 1 英里 = 1.609 344 千米。

② 1 马力 = 735.499 瓦。

第 1 章　绪论

出一年时间里，这款电动汽车共卖出5万辆，到2016年7月，这家公司已经卖出超过800万辆混合动力电动汽车，其中超过500万辆为Prius。

图1-7　通用EV1电动汽车

图1-8　丰田Prius电动汽车

2006年，特斯拉宣布计划推出续航里程达到200英里的电动汽车，这条消息轰动整个电动汽车市场。到2011年，特斯拉拥有了其第一款电动汽车Roadster，如图1-9所示，其续航里程超过240英里，售价超过10万美元。尽管特斯拉已经拥有Model S轿车和Model X SUV，但在很大程度上讲，它们还属于小众化产品。特斯拉计划在2017年规模化生产其面向大众市场的电动汽车Model 3，这款汽车续航里程超过200英里，售价在3.5万美元左右。

2010年，尼桑在美国开始交付其电动汽车Leaf，如图1-10所示。尼桑Leaf续航里程为100英里，价格在3万美元左右，这款电动汽车目前仍然是全球销量最好的电动汽车。截至2016年12月，尼桑共卖出20多万辆Leaf，单在美国就卖出8.8万辆。

随着电动汽车的飞速发展和市场保有量的不断增加，传统汽车生产厂商也开始研发电动汽车的新技术，在未来几年内，我们将陆续看到来自各大品牌汽车生产商的电动汽车。

图 1 – 9 特斯拉 Roadster 电动汽车

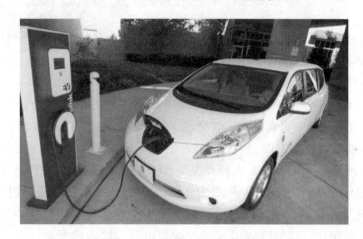

图 1 – 10 尼桑 Leaf 电动汽车

如今，混合动力电动汽车以及纯电动汽车又开始流行起来，而几乎所有的汽车厂商也都看准了这一市场。的确，由于环境恶化、油价上涨及能源消耗等诸多问题的出现，人们都或多或少开始关注这些新能源汽车。也许在不久的将来，电动汽车又能回到 1900 年那样一个"全盛时期"，并且是达到一个新高度的全盛时期。

1.2.2　动力电池的发展历史

1. 动力电池的使用特点

（1）高能量（EV 用电池）和高功率（HEV 用电池）。

（2）高能量密度。美国先进电池联合会（USABC）制定的电动车电池中长期目标，质量比能量要达到 $80 \sim 100 \, \mathrm{W \cdot h/kg}$（中期）和 $200 \, \mathrm{W \cdot h/kg}$（长期）。具体的性能指标我们在后面会详细讲解。

（3）高倍率部分荷电状态下（HRPSOC）的循环使用（HEV 用电池）。

（4）工作温度范围宽（$-30 \sim 65 \, ^\circ\mathrm{C}$）。

（5）使用寿命长，要求 $5 \sim 10$ 年。

（6）安全可靠。

2. 动力电池的发展史

目前世界上各汽车生产厂家纷纷开发并推广使用电动汽车，电动汽车有着广阔的发展前景。电动汽车的蓬勃发展，促进了动力电池技术的发展，世界各大汽车公司纷纷投巨资并采取结盟的方式研究各种类型的电动车用动力电池。以下就电动车用动力电池及燃料动力电池的技术发展动态作一概述。根据动力电池的使用特点、要求和应用领域不同，国内外动力电池的研发大致经历了以下几个发展阶段。

第一代动力电池——铅酸蓄电池。图 1-11 所示为主要的阀控式铅酸蓄电池（VRLAB）。它最大的优点是大电流放电性能良好，价格低廉，资源丰富，电池的回收率较高，在电动自行车、电动摩托车上应用广泛；缺点是质量比能量低，主要原材料铅有污染。

图 1-11 阀控式铅酸蓄电池

铅酸蓄电池的应用历史最长，它也是最成熟、成本和售价最低廉的动力电池。当前存在的主要问题是一次充电的行程短，一般在 30～40 km；就是快速充电也要 4～6 h，且质量比能量只有 30 W·h/kg。为此人们一直探索改进铅酸蓄电池性能的方法，开发能量效率更高、稳定性更好、电荷容量更大的新动力电池。

在改进铅酸蓄电池性能方面，人们现在已在广泛使用 VRLA 蓄电池，它具有使用方便的优点。为使铅酸蓄电池更可靠，人们开发了 GFL VRLA 蓄电池。GFL VRLA 蓄电池也属于 VRLA 蓄电池范畴。它依然用密度为 1.28 g/cm³ 的硫酸溶液，但在其中添加了 Na_2SiO_2，电解液呈胶体状——乳白色的凝胶，构成了胶体电解质。胶体的状况会随着温度和电场的作用而变化。当 GFL VRLA 蓄电池放电时，胶体的凝聚性会更明显；温度降低，胶体内部溶液扩散迁移及传导性变差，内电阻增加。在温度升到 30 ℃ 以上，外施单格电压超过 2.6 V 时，要产生充电气泡；充电时间过长，温度过高，特别是单格电压超过 2.7 V，胶体常常会发生水解，放出大量 H_2 和 O_2，并伴有硫酸和水外溢，胶体变成了液态。如及时停止充电，降低温度，去掉外电压，胶体还可恢复。GFL VRLA 蓄电池的性能、价格与普通铅酸蓄电池相似，只是由于其胶体电解质具有不易渗漏性，故能保证电源使用的可靠性。即使 GFL VRLA 蓄电池壳体产生了裂纹也可继续使用，不会对车辆产生腐蚀作用。因此其适用于道路状况差（如乡间土路）和用电负荷变化大的车辆，如在我国中西部地区的山区、半山区、乡村使用的车辆的蓄电池，军用车辆的起动用蓄电池，以及由于环保要求，限制酸腐蚀的特种车辆等用的蓄电池。由于电解质中有 Na_2SO_4 存在，在极板硫化过程中，会同时产生硫酸铅、硫酸钠结晶，从而防止极板生成粗大的硫酸铅结晶体，使极板不易硫化，容易再次充电活化，不易丧失极板的多孔性，还能防止正极板上生出尖锐的硫酸铅突起，避免隔板被刺穿形成极板间短路。从寿命上讲，GFL VRLA 蓄电池是现在普通铅酸蓄电池的 4 倍以上，在 50～30 ℃ 仍能很好工作，且工作性能相当稳定，相比普通铅酸蓄电池，性能有了大幅度提高。估计 GFL VRLA 蓄电池会比普通铅酸蓄电池多存在一段时间，但 GFL VRLA 蓄电池毕竟是铅酸蓄电池，随着人们对环保要求的深入，含铅的重金属产品将会随着世界禁铅运动的深入而逐渐被淘汰。尽管 GFL

VRLA 蓄电池有许多优点，但终归要退出历史舞台。

第二代动力电池——碱性电池，如镍镉（Cd-Ni）电池、镍氢（MH-Ni）电池。镍镉电池由于镉的污染性，欧盟各国已禁止用于动力电池，而镍锌电池的价格明显高于铅酸蓄电池，目前是 HEV 的主要动力电池。日本松下能源公司已为 HEV 提供 1 000 万只以上的镍锌电池，应用于电动自行车，但是由于价格问题，这种电池在市场上缺乏竞争力。

镍氢电池是目前人们普遍看好的第二代蓄电池之一，是一种取代镍镉电池的产品，当然也是取代铅酸蓄电池的产品。镍氢电池的生产过程中，存在着烧结体技术和发泡体技术两种技术。一般的生产厂家都经历了一个从发泡体技术向烧结体技术发展的过程。采用烧结体技术对镍氢电池正极进行处理，蓄电池的内阻会大幅度减少，具有放电电压稳定和能进行大电流放电的特性。烧结体镍氢电池还具有蓄电池不易老化，不需要预充电，以及低温放电特性比较好等优点。经烧结处理的正极，其镍化合物粒子会转换成活性的镍化合物，能确保蓄电池有平衡的输出电压，且具有长时间的性能稳定性、长寿命和蓄电池不老化。以发泡镍技术生产的蓄电池在放置一段时间后，要有 20% 左右的电荷量流失，将这样的蓄电池装车后会发现与装新蓄电池的差距很大，也说明其老化现象十分明显。为避免发泡镍蓄电池的老化所造成的内阻增高，发泡镍蓄电池在出厂时必须进行预充电，且使用此种蓄电池的放电电压不能低于 0.9 V（单元体蓄电池），给用户的使用带来了极大的不便。除此之外，发泡镍蓄电池的工作电压极不稳定，不能进行长时间存放和流通，这也给销售和用户造成了很大负担。

第三代动力电池——锂电池。1990 年以后，日本开发成功的镍氢电池得到了人们的高度重视，应用量急速增加。但自 1994 年日本新力蓄电池公司推出锂离子电池后，人们又开始认同锂电池，一些镍氢电池企业纷纷转产生产锂电池。图 1-12 所示为锂电池的一种——锂离子电池。一时间人们所热崇的镍氢电池似有被冷落的意思。锂电池可分为锂离子电池和锂分子（高聚合物）电池两种。锂电池具有体积小、质量能和质量功率高、电压高、安全性（固态）高、无污染、环保性好等优点。锂电池的能量密度（体积能和质量能）是镍镉电池的 1.5~3.0 倍，也就是说，在同样大小能量的情况下，锂电池的体积和质量可减小 1/2 左右。单元蓄电池的平均电压为 3.6 V，相当于 3 个镍镉或镍氢电池串接起来的电压值。能减少蓄电池组合体的数量，从而因单元蓄电池电压差所造成的蓄电池故障的概率可减少许多，也就是说大大延长了蓄电池组合体的寿命。相对于镍镉电池和镍氢电池，锂电池充电时不用先进行放电（因锂电池无记忆性），给使用者带来了极大的便利，同时也节省了电能。锂电池的自放电率仅为 5%~10%，具备自放电低的优点，在非使用状态下储存，内部几乎不发生化学反应，相当稳定。由于锂电池不含有镉、汞和铅等重金属，因此它是一种绿色的环保蓄电池，在未来一段时间内将是较具竞争力的动力电池。

总之，锂电池日益完善，在电动车上大有取代铅酸蓄电池、镍镉电池、镍氢电池之势，它将随着电动车的普及发展而成长壮大，并将与燃料电池一并成为 21 世纪电动车的主要蓄电池。

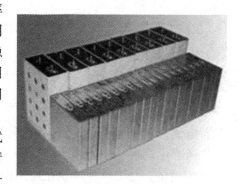

图 1-12　锂离子电池

第四代动力电池——燃料电池。燃料电池是人们努力开发的一种蓄电池，目前各公司都致力于开发甲醇改质氢燃料电池、汽油改质氢和纯氢燃料电池，并将其装车进行试验。燃料电池的典型代表有质子交换膜燃料电池（PEMFC，见图1-13）、直接甲醛燃料电池（DMFC）和锌空气蓄电池（亦称锌氧蓄电池），其特点是无污染，放电产物为H_2O，是真正的电化学发电装置。目前以此类燃料生产的燃料电池的能量转换效率还比较低，但其工作原理有了很大发展，已从燃料电池只能由氢和氧结合生成电和水，发展到了利用甲烷等气体与氧化合生成电和水。此类燃料电池经改进后，还可直接使用汽油和柴油。因此，此类燃料电池的发展极具实际使用意义。这种工作原理的燃料电池开发成功，并经不断完善后，极有可能成为燃料电池的主流，进而取代生产成本和使用成本都很高的氢燃料电池。

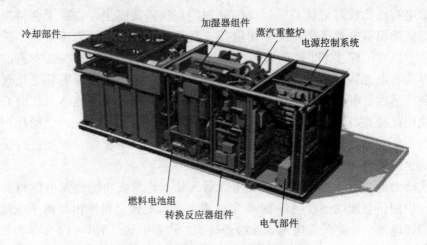

图1-13 典型的质子交换膜燃料电池

燃料电池是车载动力最经济、最环保的解决方案，但是实现商业化还有许多问题需要解决，如价格昂贵，采用贵金属铂、铑作为催化剂，氢的存储、运输以及电池寿命问题。为了解决以燃油为动力的汽车排放对环境的污染，以电池为动力的纯电动汽车和油电混合电动汽车成为世界各国研发的热点，其中动力电池的研发更是其成败的关键。

⚙ 1.3 电动汽车动力电池技术的发展现状及趋势

1.3.1 目前常用的电池类型及应用车型

目前市场上电池的种类有很多，现在运用较成熟的有铅酸蓄电池、镍氢电池、锂离子电池、燃料电池、太阳能电池等。

1. 铅酸蓄电池

蓄电池是一种电化学储能体系，其能量储存和释放是通过两个电极的电化学反应实现的，伴随着化学能与电能的相互转换。铅酸蓄电池是由法国物理学家 French Aston Plante 于1859年发明的，是第一种商业化应用的可充电电池。现在，铅酸蓄电池被广泛用于汽车、机车、通信后备电源和不间断电源（UPS）系统等。

铅酸蓄电池的应用历史最长，最成熟，成本也最低，已实现批量生产，但是比能量低，所占体积和质量大，且一次充电行驶里程较短，自放电率高，不能满足现代电动汽车的发展需要。铅酸蓄电池的结构如图 1 – 14 所示。

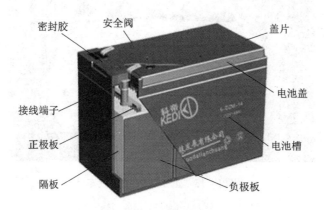

图 1 – 14　铅酸蓄电池结构

铅酸蓄电池的缺点总结如下：

（1）比能量低，在电动汽车中所占的质量和体积较大，一次充电行驶里程短。

（2）使用寿命短，使用成本高。

（3）充电时间长。

（4）铅是重金属，存在污染。

目前常用的铅酸蓄电池及其特点如表 1 – 1 所示。

表 1 – 1　目前常用铅酸蓄电池及其特点

公司名称	铅酸蓄电池	特点
日本 GS 公司	新型 VRLA 蓄电池	板间距很小，不会出现电解液分层，底部无脱落物堆积
德国阳光公司	胶体电解质电池	热容量大，温升小
美国 BPC 公司	双极性电动汽车用铅酸蓄电池	组合电压为 180 V，电池容量为 60 A·h，放电率比能量为 50 W·h/kg，循环寿命长
美国 Arias 公司	双极性电动汽车用铅酸蓄电池	有极小的欧姆电阻
瑞典 OPTIMA 公司	卷式电动汽车用铅酸蓄电池	产品容量可达 56 A·h，功率可达 95 kW，而体积较小

　　铅酸蓄电池由于价格低廉，目前主要应用在速度不高、线路固定、充电站设立容易规划的电动汽车上。雷丁 V60 是目前微型电动汽车市场上唯一一款自主研发采用三厢结构的车型，如图 1 – 15 所示，前期推出两个不同配置的铅酸 V60 配套电池。

图1-15　雷丁V60电动汽车

2. 镍氢电池

镍氢电池是20世纪90年代发展起来的一种新型绿色电池，具有高能量、长寿命、无污染等特点。镍氢电池的优点有很多，如比功率高、循环功率次数多、无污染、耐过充过放、无记忆效应、使用温度范围宽、安全可靠等。同时也伴随着相应的缺点，如自放电率较高，在满电常温下存储自放电率为30%～35%，高温性能差，过充和过放时会排出气体等。

目前，国内外镍氢电池生产厂商及电池特点如表1-2所示。

表1-2　目前国内外镍氢电池生产厂商及电池特点

国家	公司名称	电池特点
国外	美国 Ovonic 公司	世界上众多汽车厂商都在使用，如丰田 Prius，本田 Civic、Insight
	德国 Varta 公司	功率密度已达到1 000 W/kg，充电功率相当高
	法国 Saft 公司	4/5SF 型高功率镍氢电池容量为14 A·h，比能量为47 W·h/kg，功率密度达2 500 W/kg
国内	春兰动力电池汽车制造公司	能量密度高达84.5 W·h/kg，放电性能强，循环寿命大于1 300次
	湖南神舟科技股份有限公司	目前高功率40 A·h连续充电电池可达4 C
	江苏奇能电池有限公司	产品稳定可靠，可广泛应用在电动汽车、助动车上

日本丰田公司的丰田 RAV4 纯电动汽车是世界上首款搭载镍氢电池的量产型电动汽车。目前使用镍氢电池作为动力源的纯电动汽车有通用汽车的 Honda Civic Hybrid、本田的 Honda EV Plus、福特汽车的 Ford Ranger EV，采用镍氢电池作为动力源的混合动力电动汽车有福特

汽车的 Ford Escape、雪佛兰的 Chevrolet Malibu、本田的 Honda Civic Hybrid 等。

3. 锂离子电池

与其他蓄电池比较,锂离子电池具有高电压、高比能量、充电寿命长、无记忆效应、无污染、快速充电、自放电率低、工作温度范围宽和安全可靠等优点,已成为未来电动汽车较为理想的动力电源。但是目前锂离子电池成本较高,使用时必须有特殊的保护电路,以防止过充。

锂离子电池是目前国内外主流的混合动力电动汽车及纯电动汽车的储能设备。目前主流的采用锂动力电池的情况如表 1–3 所示。

表 1–3　目前主流锂动力电池的使用情况

电池材料	电池供应商	制造商	电动车型	性能描述
NCM (镍钴锰)	Litcel, Kokan, NEC Lamillion	日产	Cube	性能好
NCA (镍钴铝)	Johnson Controls – saft GA-LA, Matsuslaita, Lishen Panasonic	丰田、梅赛德斯、迈尔斯、特斯拉	Prius S400 Blue XS500 Model S	安全且成本低
LFP (磷酸铁锂)	BYD, A123, Systems, GAIA, Valence, LI Tech	比亚迪、克莱斯勒、通用、雪佛兰、北汽	F3DM 200C Volt EV150	能量密度低
LMO (锰酸锂) 石墨负极	GS Yuasa, Litcel, NEC Lamillion, Compact Power (LG), Sanyo	三菱、日产、雪佛兰、本田、福特、雷诺	MiEV Leaf Volt Civic Foens Zoe/Fluence	功率和能量密度高
LMO (锰酸锂) 金属负极	EnerDel, Ltair Nano	现代、土星	Elantra Vue	成本高

在以上的产品中,插电式电动汽车丰田 Prius 最值得关注,这是丰田的第一款插电式混合动力量产车,是基于第三代 Prius 车身来构建的。它拥有三种可以随意切换的驾驶模式——HV、EV 和 EV–City,其中 HV 类似于普通的 Prius,由于发动机和电动机共同驱动车辆行驶,必要的时候发动机可以熄火以更好地降低功耗;第二种模式为纯电动零排放模式,电池组充满电之后可以行驶大约 20 km,而最高车速可以达到 85 km/h;第三种模式则是吸收了前两种模式的优点,在汽油发动机起动之前尽量使用电池组中的电力供应电机来驱动车辆,二挡车辆减速以及刹车的时候可以为电池组充电。

4. 燃料电池

目前在电动汽车的动力电池领域,燃料电池以能量密度高,接近汽油和柴油的能量密度,几乎零污染,代表了电动汽车未来的发展方向,也是各国重点研发的领域之一。

燃料电池具有以下特点:

优点：

（1）节能、转换效率高。

（2）配方基本达到零污染。

（3）无振动和噪声，寿命长。

（4）结构简单，运行平稳。

缺点：

（1）采用金属铂作为催化剂，燃料种类单一。

（2）存储和运输成本高。

（3）加氢站等配套设施不完善。

目前，采用燃料电池的典型代表是现代汽车公司生产的现代 ix35 电动汽车，它采用氢燃料电池。现代汽车生产的 ix35 燃料电池车 2016 年的注册量为 160 辆，主要针对公共领域或集团客户。现代 ix35FCV 和所有氢动力汽车一样，水蒸气是其唯一排放的"尾气"，该车最高功率为 73 kW，最高速度可达 151 km/h，百公里加速仅用 12.5 s。其驱动过程为：将电量储存在 24 kW·h 的锂电池组，然后用电机驱动车辆，续航里程可达 594 km。与传统意义上的电动汽车不同的是，ix35 氢燃料电池车（见图 1-16）加氢只需要几分钟的时间，而且加氢站的建设要比电动汽车充电站更为环保、便宜。

图 1-16　现代 ix35 氢燃料电池车

5. 太阳能电池

太阳能是一种储量极其丰富的清洁能源，是解决世界范围内能源危机和环境问题的一条重要途径，目前太阳能电池电动车也是世界各国都在重点研究和关注的。

典型的太阳能电池车有福特公司生产的 C-Max Solar Energi 太阳能电池车，它包含 SunPower 公司 1.5 m² 的 X21 太阳能电池组，容量为 300～350 W。同时它还拥有太阳能集中装置和太阳跟踪技术，二者共同为高效的 X21 太阳能电池组服务。原理近似于放大镜，整个系统由东向西追踪太阳轨迹，从而获取尽可能多的太阳能，晴好天气所获得的能量几乎等同于 4 h 的插电式充电（8 kW），可以令该车在混合动力情况下行驶 620 英里（约合 998 公里），而纯电驱动则为 21 英里（约合 34 公里）。通过利用可再生能源，C-Max Solar Energi 每年可降低 4 t 的温室气体排放量。

1.3.2　目前动力电池存在的问题

（1）电池的安全性有待进一步提高。目前中小容量锂离子电池的产业已经非常成功，但是大容量、高功率锂离子动力电池的安全性问题没有得到有效解决。而电池容量越大，其一旦失控所造成的危害就越大。

（2）在电池容量上，目前车用电池的容量有限，一直未能实现突破。

（3）续航里程短。目前市场上使用的电动汽车一次充电后的续航里程一般为 100～300 km，并且还需要保持适当的行驶速度及具有良好的电池调节系统才能得到保证，而绝大多数电动汽车一般行驶环境下续航里程只有 50～100 km。

（4）电池循环寿命短。普通蓄电池充放电次数仅为 300～400 次，即使是性能良好的蓄电池，充放电次数也不过 700～900 次，按照每年充放电 200 次计算，一个蓄电池的寿命最多为 4 年，与燃油汽车的寿命相比太短。

（5）电池质量和尺寸制约。现有电动汽车电池的体积一般要达到 550 L，当把这么大体积的电池用于家庭轿车上时，就必然要挤占轿车的行李厢空间。现有电动汽车所使用的电池都不能在存储足够能量的前提下保持合理的尺寸和质量。

（6）电池价格昂贵。电动汽车蓄电池的价格约为 100 美元/（kW·h），有的甚至高达 350 美元/（kW·h），相比燃油汽车，电动汽车的电池成本太高，用户难以承受。

（7）对环境污染严重。目前使用的动力电池主要为铅酸蓄电池、镍氢电池、镍镉电池，电池原料从开采到生产再到废弃后的处理，都会对环境造成污染。

1.3.3　我国动力电池的发展现状

第一，从技术层面看，我国已经基本掌握车用动力电池的关键技术。我国动力电池的开发和整车基本同步，"十五"期间开展了镍氢电池、锰酸锂氧化物锂离子电池、燃料电池的研发，"十一五"期间加大了磷酸铁锂电池的研发与产业化；"十二五"期间推进三元材料电池的研发与产业化。目前处于这样一个阶段：从技术上来讲，我国开发了镍氢电池、锂离子电池，关键技术指标达到了国外同类产品的一个先进水平；目前我国锂电池可以做到系统的比能量 800～1 000 W·h/kg，比功率可以做到 500～100 W·h/kg，循环寿命也能做到突破 1 000 次，使用寿命可以达到 5 年，成本低于 3 元/（W·h）。

第二，从产品层面来看，磷酸铁锂电池已经趋于成熟。国内供应电池支撑了产业的发展，目前在大规模示范这一块用的电池基本上是国产电池。根据目前工信部发布的新能源汽车推广目录，我国车用电池绝大多数是磷酸铁锂电池，也就是说近两年，三元材料的动力电池开始在电动汽车上进行示范应用。例如，比亚迪汽车用的是盐酸铁锂电池，上汽、北汽汽车的电池系统采用磷酸铁锂电池。一汽奔腾目前是示范车，用的电池就是采用了三元材料。

第三，我国建立了比较完善的产业体系，关键材料、单体电池、电池系统和电池装备、检测仪器等都有一定的生产能力。到 2014 年，我国电动汽车的销量是 8.4 万辆左右，如果按照每辆车在 20～30 kW·h，也就是说我国电池达到了 20 亿千瓦时以上，销售收入应该超过了 50 亿元。2015 年开始动力电池跟随新能源汽车产销量崛起，从 2014 年的仅 3.7 GW·h 的出货量跃居至 2015 年 15.7 GW·h，同比增长超过 3 倍。2016 年有产量的新能源汽车搭载电池总量达 28 GW·h，与 2015 年同期相比增长 79%。

　　跟国际上比，我们也存在很多问题，包括先进材料和机理方面的研究比较落后，电池结构设计的技术还不太先进。另外，制造的自动化程度比较低，精工艺的开发能力比较弱，且电池系统设计技术比较落后。以前大家认为电池系统只是简单的单体组合，但其实电池系统也是很复杂的技术。鉴于这些问题，我国高端材料供给还不足，一致性、良品率、安全性、可靠性、产品性能还不能完全满足市场的要求，企业创新能力总体还不强，优势产能不足，而且面临韩国等国外电池企业的挑战，这是当前我国电池面临的一些问题。

　　从全球来看，电池技术尤其是锂离子电池技术还在不断进步，我国预计在今后 5 ~ 10 年，也就是到 2025 年前后，锂离子电池将会接近它的性能极限，达到 350 ~ 400 W·h/kg，比现在大约提高 1 倍。这是美国能源部对锂离子电池发展现状和趋势的一个判断，我国也基本认同这个判断。

习题

1. 简述车用动力电池的发展历史。
2. 简述车用动力电池的特点。
3. 说明目前主流的车用动力电池及它们各自的优缺点。

第2章

纯电动汽车动力电池的基本概念

本章学习目标

- ◆ 掌握纯电动汽车动力电池的结构和原理。
- ◆ 熟悉动力电池的常用参数。
- ◆ 了解纯电动汽车对动力电池的要求。

✪ 导读

动力电池是电动汽车的核心，是纯电动汽车驱动能量的唯一来源，直接关系到电动汽车的动力性能、续航能力，也与电动汽车的安全性直接相关。从新能源汽车的成本构成看，电池驱动系统占据了新能源汽车成本的 30% ~ 50%。而自电动汽车诞生以来，动力电池技术一直制约着电动汽车的实用化进程。提高功率密度、能量密度、使用寿命以及降低成本一直是电动汽车动力电池技术研发的核心。本章我们就来学习动力电池的一些基础知识。

✪ 2.1 动力电池的概念及分类

2.1.1 动力电池的概念

对于动力电池，目前尚无统一的定义。动力电池的名称来源于动力机械应用领域（如潜艇等），并一直沿袭下来，但全球电动汽车行业基本约定：为电动汽车提供驱动动力的电池统称为动力电池，包括传统的铅酸蓄电池、镍氢电池以及新兴的锂离子电池等。手机、笔记本电脑等消费类电子产品使用的锂电池一般统称为锂电池，以区别于电动汽车用锂电池——动力锂电池。动力电池是电动汽车发展最关键的技术。

在 GB/T 19596—2004 中，动力电池（Traction Battery）的定义为：为电动汽车动力系统提供能量的蓄电池。

2.1.2 动力电池的分类

纯电动汽车及混合动力电动汽车用动力电池品种繁多，用途广泛，外形也相差很大，它的分类方法有很多，这里我们只介绍两种分类方法。

1. 按照电池的工作性质及使用特征分类

按电池的工作性质及使用特征分类，动力电池一般可分为一次电池、二次电池、储备电池和燃料电池四类。

（1）一次电池。一次电池又称"原电池"或者"干电池"，即放电后不能用充电的方法使它复原的电池。换言之，这种电池只能使用一次，放电后电池只能废弃。这类电池不能再充电的原因，或是电池反应本身不可逆，或是条件限制使可逆反应很难进行，如锌锰干电池、锌汞电池、银锌电池等。

（2）二次电池。二次电池又称"蓄电池"，即放电后又可以用充电的方法使活性物复原而能再次放电，且可反复循环使用的一类电池。这类电池实际上是一个化学能量储存装置，用直流电将电池充足，这时电能以化学能的形式储存在电池中，放电时，化学能再转换为电能，如铅酸蓄电池、镍镉电池、镍氢电池和锂离子电池等。迄今已经实用化的车用动力电池有传统的铅酸蓄电池、镍镉电池、镍氢电池和锂离子电池。

（3）储备电池。储备电池又称"激活电池"，是正、负极活性物质和电解液不直接接触，使用前临时注入电解液或用其他方法使电池激活的一类电池。这类电池的正、负极活性物质化学变质或者自放电，因与电解液的隔离而基本上被排除，从而使电池能长时间储存，如镁银电池、钙热电池和铅高氯酸电池等。

（4）燃料电池。燃料电池又称"连续电池"，即只要活性物连续注入电池，就能长期不断地连续放电的一类电池。它的特点是电池自身只是一个载体，可以把燃料电池看成一种需要电能时将反应物从外部送入的一种电池，如氢燃料电池、肼空燃料电池等。

必须指出的是，上述分类方法并不意味着某一种电池体系只能分属一次电池、二次电池、储备电池或燃料电池，恰恰相反，某一种电池体系可以根据需要设计成不同类型的电池。例如锌银电池，既可以设计成一次电池，又可以设计成二次电池或者储备电池。

2. 按照电池的反应原理分类

按电池的反应原理，可以将电池分为化学电池、物理电池和生物电池三大类。

（1）化学电池。化学电池利用物质的化学反应发电，其按照工作性质，可分为原电池、蓄电池、燃料电池和储备电池；按照电解质不同，可分为酸性电池、碱性电池、中性电池、有机电解质电池、非水无机电解质电池和固体电解质电池等；按照电池的特性，可分为高容量电池、密封电池、高功率电池、免维护电池和防爆电池等。

（2）物理电池。物理电池是利用光、热、物理吸附等物理能量发电的电池，如太阳能电池、超级电容和飞轮电池等。在物理电池领域中，超级电容器也应用于纯电动汽车和混合动力电动汽车中。

（3）生物电池。生物电池是利用生物化学反应发电的电池，如微生物电池、酶电池和生物太阳电池等。生物燃料电池在车用动力中应用前景也十分广阔，以氢为燃料的燃料电池和氢化物燃料电池的研发已进入重要发展阶段。

⚙ 2.2 动力电池的原理与结构

动力电池是由许多单体电池组合而成的，这些单体电池存储了可转换为电能的化学

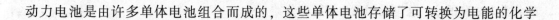

能。一个或多个这样的电化学单体电池串联起来就形成了一块电池，把成组的单体电池封装到一个箱体中就构成了一个电池模块。电池组就是将多个独立的电池模块并联或者串联到一起，从而为功率电子驱动系统提供所需的总电压和能量。动力电池组如图 2－1 所示。

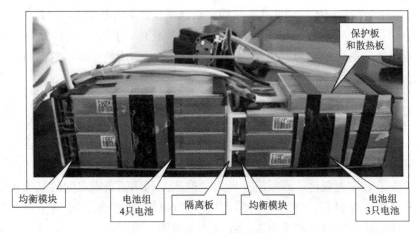

均衡模块　　　电池组　　隔离板　　均衡模块　　　电池组
　　　　　4只电池　　　　　　　　　　　　　3只电池

图 2－1　动力电池组

电池的基本单元是单体电池，它的基础理论包括电解质的使用、化学反应的发生以及电池的电动势。下面以常见的化学电池（Cell Chemistries）为例来介绍电池的结构和原理，使读者对电池的内部结构及发生的化学变化有一定的了解。

2.2.1　动力电池的组成

存储在电池中的能量在电池的化学部件进行充放电时所含有的自有能量是不同的，只有当单体电池的基本化学部件工作时，化学能才能转化为电能。这些基本部件就是电池的基本组成部分，包括正极活性材料、负极活性材料、电解质、隔膜、外壳及导电栅、汇流柱、极柱以及安全阀，具体结构如图 2－2 所示。

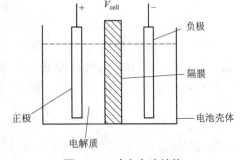

图 2－2　动力电池结构

动力电池工作时，在两电极上会发生化学反应，一端释放电子而另一端获得电子。两个电极必须选用导电材料并且中间用隔膜分开放置在电池容器中。电极与外部的连接点通常叫作电极柱（Battery Terminal）。外部电路保证了电池的化学能只有在需要使用时才会释放。

下面对动力电池中各部件的功能进行简单介绍。

（1）正极：正极的成分是某种氧化物或硫化物以及一些其他混合物，它在电池放电时发生还原反应并获得来自外电路的电子。典型的正极材料有二氧化铅（PbO_2）和氢氧化镍。正极材料都是以固态形式存在的。

（2）负极：负极的成分是某种金属或合金，它在电池放电时发生氧化反应并向外电路释放出电子。典型的负极材料有铅和镉。负极材料也是以固态形式放置在电池中的。

（3）电解质：电解质是使电池正负极之间具有离子导电性的介质。电解质在电极发生

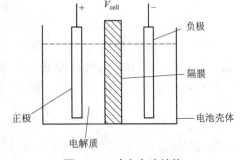

第2章　纯电动汽车动力电池的基本概念

反应时应具有较高的离子导电性，同时还必须对电子绝缘，以免在电池内部发生自放电。电解质的材料一般是液体、胶体或者固体，它可以是酸性的也可以是碱性的，取决于电池的类型。传统的铅酸蓄电池、镍镉电池使用的是液体电解质。以铅酸蓄电池为例，它的电解质是硫酸溶液（H_2SO_4（水））。电动汽车用的先进动力电池如密封式铅酸蓄电池、镍氢电池、锂离子电池，其电解质一般是胶体、糊剂或者树脂。而锂聚合物动力电池使用的是固态电解质。

（4）隔膜：隔膜是一层具有电绝缘特性的物质，它可以把正、负极分隔开来。隔膜应具有使电解质中离子通过的能力，还应具有存储和固定电解质的功能。目前所用的隔膜是由高分子聚合物制成的。

2.2.2　动力电池的工作原理

在电池工作时，发生在两电极上的化学反应只有当所产生的电子能够从连接两电极的外电路中通过时才可以持续进行。动力电池中，两电极表面所发生的化学反应产生源源不断的电子，这个过程一般称为氧化还原反应，动力电池正是利用正负极之间的氧化还原反应来完成充放电的。具体过程如下：当无源电路元件连接到电池极柱上时，电池负极释放电子，正极获得电子，从而使外电路中产生电流。在这个过程中，电池放电。当电池放电时，正极从外部电路获得电子，发生还原反应；负极向外电路释放电子，发生氧化反应。若给动力电池提供高于电池端电压的电源，使电流能够反向流入电池中，就完成了给电池充电的过程。当电池充电时，正极向外电路释放电子，发生氧化反应；负极从外电路获得电子，发生还原反应。这就是动力电池的工作原理。

无论哪种类型的化学电池，电池充放电时都会在两电极之间发生氧化还原反应，同时伴随着电子的释放与获得。我们可以通过下面的反应式来理解这种氧化还原反应。

$$a\text{A} \xrightleftharpoons[\text{放电}]{\text{充电}} c\text{C} + n\text{E}^+ + ne^- \qquad (2-1)$$

电池正极的反应如式（2-1）所示，当电池充电时，电池正极的物质 A 发生氧化反应，生成物质 C 并同时对外电路释放电子，对电解质释放出阳离子。放电时则正好相反，正极上的材料吸收电子并与离子结合，最终生成物质 A。

$$b\text{B} + n\text{E}^+ + ne^- \xrightleftharpoons[\text{放电}]{\text{充电}} d\text{D} \qquad (2-2)$$

电池负极发生的反应如式（2-2）所示，当电池充电时，电池负极的物质 B 与电介质中的阳离子连同外电路的电子共同作用产生不带电的物质 D。电池放电时反应正好相反。

在电动汽车中，动力电池的工作模式是，当能量从电池供应到电机产生驱动力时，电池放电；当能量从外部电源存储到电池中时，电池充电。下面我们以常见的化学蓄电池——铅酸蓄电池为例，具体分析电池在充放电时所发生的氧化还原反应。无论在传统汽车、纯电动汽车还是混合动力电动汽车中，铅酸蓄电池仍然是汽车低压电气附件电源的最佳选择。

铅酸蓄电池的正极材料是二氧化铅（PbO_2），负极材料是海绵状纯铅，电解质材料为纯硫酸（H_2SO_4）与蒸馏水按一定比例配制而成的溶液。

图 2-3 所示为铅酸蓄电池放电时的工作情况，当外电路连接无源电子器件时，正极的二氧化铅（PbO_2）获得由负极经外电路而来的电子和离子后被还原变成硫酸铅。当电池作为电源使用时，电路方向是由正极流向负载然后进入电池负极。

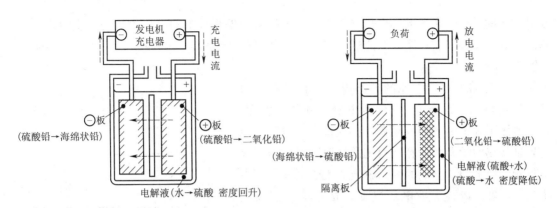

图 2－3 铅酸蓄电池的工作原理

放电时正极的反应式为

$$PbO_2(固) + 4H^+(水溶液) + SO_4^{2-}(水溶液) + 2e^- \longrightarrow PbSO_4(固) + 2H_2O(液)$$

此时负极材料为固态铅，放电时，铅被氧化并向外电路释放出电子，其反应式为

$$Pb(固) + SO_4^{2-}(水溶液) \longrightarrow PbSO_4(固) + 2e^-$$

电池的充电过程与放电过程正好相反，电池的两端加入外部电源，电流流入电池并使化学反应反向进行，这时硫酸铅被重新转化成铅和二氧化铅。正极释放电子，负极从外部电源获得电子，电流从外电源流入正极，从而将电能输送到电池中并以化学能的形式存储起来。整个充电过程时，正极发生的反应可以用以下公式表示：

$$PbSO_4(固) + 2H_2O(液) \longrightarrow PbO_2(固) + 4H^+(水溶液) + SO_4^{2-}(水溶液) + 2e^-$$

负极在电池充电时获得电子的总化学反应式为

$$PbSO_4(固) + 2e^- \longrightarrow Pb(固) + SO_4^{2-}(水溶液)$$

综合以上，铅酸蓄电池在充放电时总的化学反应式为

$$
\begin{array}{cccccccc}
正极 & 电解液 & 负极 & & 正极 & 电解液 & 负极 \\
PbO_2 & + 2H_2SO_4 & + Pb & \underset{充电}{\overset{放电}{\rightleftharpoons}} & PbSO_4 & + 2H_2O & + PbSO_4 \\
二氧化铅 & 硫酸 & 海绵状铅 & & 硫酸铅 & 水 & 硫酸铅
\end{array}
$$

❋ 2.3 动力电池的参数及性能指标

化学电池品种繁多，性能各异，用来表征其性能的指标有电性能、机械性能、储存性能等，有时还包括使用性能和经济成本。这里我们重点对电动汽车用动力电池的电性能及储存性能进行介绍。

1. 电压

电池的电压分为电动势、端电压、终止电压、开路电压、工作电压、额定电压、充电电压等，下面我们来一一介绍。

（1）电动势。电池的电动势，又称电池标准电压或理论电压，为电池断路时正负两极间的电位差。电池的电动势可以从电池体系热力学函数自由能的变化计算而得。

（2）端电压和终止电压。电池的端电压（Terminal Voltage）是指电池接通负载后两电极之间的有效电压，用 V_t 表示。当电池充满电时，端电压达到最大值，记为 V_{FC}，然后随着

放电过程的进行，电池的端电压不断下降。电池必须停止放电的电压值称为终止电压（cut-offvoltage），记为 V_{cut}。这样电池的端电压与放电状态（State of Discharge，SOD）之间的关系如图 2-4 所示。

（3）开路电压。电池的开路电压是在开路状态下（即无负荷情况下），电池两电极之间的内电压。开路电压不等于电池的电动势。必须指出，电池的电动势是从热力学函数计算而得到的，而开路电压则是实际测量出来的。电池的开路电压取决于电池的荷电状态、温度、以往充放电历史（记忆效应）以及其他因素。

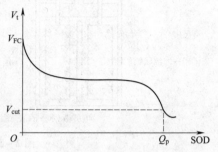

图 2-4　电池端电压与放电状态的关系

（4）工作电压。工作电压是指电池在某负载下实际的放电电压，通常是指一个电压范围。例如，铅酸蓄电池的工作电压在 2.0~1.8 V，镍氢电池的工作电压在 1.5~1.1 V，锂离子电池的工作电压在 3.60~2.75 V。

（5）额定电压。额定电压（或公称电压），是指该电化学体系的电池工作时公认的标准电压。例如，锌锰干电池为 1.5 V，镍镉电池为 1.2 V，铅酸蓄电池为 2 V。

（6）充电电压。充电电压是指外电路直流电压对电池充电的电压。一般充电电压要大于电池的开路电压，且通常在一定的范围内。例如，镍镉电池的充电压为 1.45~1.50 V，锂离子电池的充电压为 4.10~4.20 V，铅酸蓄电池的充电压为 2.25~2.50 V。

（7）电压效率。所谓电压效率，是指电池的实际输出电压与电动势的比值。由于电动势只是从热力学角度考虑而获得的一个理论电压值，而电池的实际输出电压涉及反应体系的动力学性质，因此后者低于前者，二者的比值小于 1。电压降低的多少由电极反应的电化学极化、浓差极化及体系的欧姆极化所决定。其中，欧姆极化包含电池各部件之间的接触电阻、固相电阻以及电解质溶液的液相电阻等引起的极化。因此，要获得较高的电压效率，必须选择具有高电化学活性的物质作为电极活性材料，并发展与之适配的具有高电导率特征的电解质体系，同时，尽量减小体系的固相电阻及接触电阻。所谓反应效率，是指实际电池反应能进行的最大限度，也就是活性物质的利用率。导致电极活性物质利用率降低的原因主要有各种副反应的发生（如水溶液电池中的置换析氢反应）、电极表面钝化以及电极结构粉化等。因此，要提高电极材料的反应效率，必须避免和抑制上述现象发生。例如，增大电极表面积、提高电极孔隙率或加入合适的添加剂等以消除或延缓负极钝化。

2. 内阻

电池的内阻是指电流流过电池内部时所受到的阻力。充电电池的内阻很小，需要用专门的仪器才能测量到比较准确的结果。一般所说的内阻是指充电态内阻及电池充满电时的内阻。电池的内阻越大，电池自身消耗的能量越多，电池的使用效率就越低。蓄电池的内阻包括正负极板的电阻、电解液的电阻、隔板的电阻和连接体的电阻等。

（1）正负极板电阻。目前普遍使用的铅酸蓄电池正、负极板为涂膏式，由铅锑合金或铅钙合金板栅架和活性物质两部分构成。因此，极板电阻也由板栅电阻和活性物质电阻组成。板栅在活性物质内层，充放电时，不会发生化学变化，所以它的电阻是板栅的固有电阻。活性物质的电阻是随着电池充放电状态的不同而变化的。当电池放电时，极板的活性物质转变为硫酸铅（$PbSO_4$），硫酸铅含量越大，其电阻越大。而电池充电时将硫酸铅还原为铅（Pb），硫酸铅含量越小，其电阻越小。

（2）电解液电阻。电解液的电阻视其浓度不同而异，在规定的浓度范围内，一旦选定某一浓度，电解液电阻将随充放电程度而变。电池充电时，在极板活性物质还原的同时电解液浓度增加，其电阻下降；电池放电时，在极板活性物质硫酸化的同时电解液浓度下降，其电阻增加。

（3）隔板电阻。隔板的电阻视其孔率而异，新电池的隔板电阻趋于一个固定值，但随电池运行时间的延长，其电阻有所增加。因为电池在运行过程中有些铅渣和其他沉积物在隔板上，使隔板孔率有所下降而增加了电阻。

（4）连接体电阻。连接体电阻包括单体电池串联时连接条等金属的固有电阻、电池极板间的连接电阻，以及正、负极板组成极群的连接体的金属电阻，若焊接和连接接触良好，连接体电阻可视为一固定电阻。

每只电池所呈现的内阻就是上述物体电阻的总和，电池内阻 R_S 与电动势 E、端电压 V_t 及放电电流 I_f 的关系如下：

$$R_S = \frac{E - V_t}{I_f} \tag{2-3}$$

电池的内阻在放电过程中会逐渐增加，而在充电过程中则逐渐减小。所以，电池在充放电过程中，端电压也会因其内阻的变化而变动。故端电压在放电时低于电池的电动势，充电时又高于电池的电动势。

3. 容量和比容量

（1）容量。电池完全放电的过程中，电极的通电材料所能释放出的电荷数量称为电池容量（Battery Capacity），用符号 C 表示，其单位为安时（$A \cdot h$）。电池的容量与放电电流的大小有关，与充电放电截止电压也有关系。表征电池容量特性的专用术语有三个，即理论容量、额定容量和实际容量。

① 理论容量。理论容量指根据参加电化学反应的活性物质电化学当量数计算得到的电量，是根据法拉第定律计算得到的最高理论值。

② 额定容量。额定容量又称保证容量，是指在设计和生产电池时，按照国家或者相关部门颁布的标准，保证电池在指定放电条件下电池应该放出的最低限度的电量。

为了更好地理解电池的容量，我们假如一个电池的额定容量是 1 300 mA·h，那么如果它以 130 mA 的电流给电池放电，那么该电池可以持续工作 10 h（1 300 mA·h/130 mA = 10 h）；如果放电电流为 1 300 mA，那供电时间就只有 1 h 左右。

③ 实际容量。实际容量指在一定的放电条件下，即在一定的放电电流和温度下，电池在终止电压前所能放出的电量。它等于放电电流和放电时间的乘积，对于实用中的化学电池，其实际容量总是低于理论容量而通常比额定容量大 10% ~ 20%。电池容量的大小，与正、负极上活性物质的数量和活性有关，也与电池的结构、制造工艺和电池的放电条件（电流、温度）有关。影响电池容量因素的综合指标是活性物质的利用率。换言之，活性物质利用得越充分，电池给出的容量也就越高。

（2）比容量。为了比较不同系列的电池，常用比容量的概念。比容量是指单位质量或单位体积的电池所能给出的电量，相应地也称为质量比容量或体积比容量。

电池在工作时通过正极和负极的电量总是相等的。但是，在实际电池的设计和制造中，正、负极的容量一般不相等，电池的容量受容量较小的电极的限制。实际电池中多为正极容量限制整个电池的容量，而负极容量过剩。

4. 能量

电池的能量是指电池在一定放电条件下，对外做功所能输出的电能，通常用瓦时（W·h）表示，它等于电池的放电容量和电池平均工作电压的乘积。电池的能量反映了电池做功能力的大小，也是电池放电过程中能量转换的量度，它影响电动汽车的行驶距离。

衡量电池能量的标准有两个，即理论能量和实际能量。电池在放电过程中始终处于平衡状态，其放电电压保持电动势的数值，而且活性物质的利用率为100%，即放电容量等于理论容量，在此条件下电池所输出的能量为理论能量，也就是电池在恒温、恒压下理论上所能做的最大功。而实际能量是电池放电时实际输出的能量，它在数值上等于电池实际容量和电池平均工作电压的乘积。由于活性物质不可能完全被利用，而且工作电压总是小于电池的电动势，所以电池的实际能量总是小于理论能量。

电池的比能量分为质量比能量和体积比能量，即分别指单位质量和单位体积的电池所能输出的能量。质量比能量的单位为 W·h/kg；体积比能量也称为能量密度，单位常用 W·h/L。通常我们用体积比能量，即能量密度来比较不同系列电池的性能。

电池的比能量是一个综合性指标，它反映了电池的质量水平。电池的比能量直接影响电动汽车的整车质量和续航里程，是评价电动汽车的动力电池是否满足预定的续航里程的重要指标。

刚开始接触电池容量和能量的学生容易混淆这两个概念，下面我们通过一个简单的例子来说明这两个概念的区别。一节5号干电池，它的电压为1.5 V，电池容量为 $Q=500$ mA·h，那么表示此节电池以 500 mA 的电流放电可以工作 1 h，这是容量的概念。如果我们用这节电池给工作电流为 65 μA 左右的石英钟供电，可使用时间为 $t=\dfrac{\text{电池容量}}{\text{工作电流}}=\dfrac{500 \text{ mA·h}}{65 \text{ μA}}=$ 7 692 h = 320 天，即可供电将近一年的时间，那么这节电池能量为 $E=W=UQ=1.5$ V × 500 mA·h = 2 700 J。

5. 效率

动力电池作为能量储存器，充电时把电能转化为化学能储存起来，放电时把电能释放出来。在这个可逆的电化学转换过程中，有一定的能量损耗。通常用电池的容量效率和能量效率来表示电池的效率。对于电动汽车，续驶里程是最重要的指标之一，在电池组电量和输出阻抗一定的前提下，根据能量守恒定律，电池组输出的能量转化为两部分，一部分作为热耗散失在电阻上，另一部分提供给电机控制器转化为有效动力，两部分能量的比率取决于电池组输出阻抗和电机控制器的等效输入阻抗之比，电池组的阻抗越小，无用的热耗就越小，输出效率就越大。

电池的效率指电池的充放电效率或能量输出效率，本教材中提到的效率都是指能量输出效率。电池的能量输出效率也称电能效率，是指电池放电时输出的能量与充电时输入的能量之比，影响能量效率的因素是电池存在内阻，它使电池充电电压增加，放电电压下降，内阻的能量损耗以电池发热的形式损耗掉。

6．功率和比功率

电池的功率是指在一定的放电条件下，电池在单位时间内所能输出的能量。单位是瓦（W）或千瓦（kW）。电池的单位质量或单位体积的功率称为电池的比功率，它的单位是瓦/千克（W/kg）或瓦/升（W/L）。如果一个电池的比功率较大，则表明在单位时间内，单位质量或单位体积中给出的能量较多，即表示此电池能用较大的电流放电。因此，电池的比功率也是评价电池性能优劣的重要指标之一。

7．荷电

荷电状态，又称剩余电量，是指电池当前还有多少电量。常取其与额定容量或实际容量的比值，称荷电程度，是人们在使用中最关心的，也是最不易获得的参数，人们试图通过测量内阻、电压、电流的变化等推算荷电量，做了许多研究工作，但直到目前，任何公式和算法都不能得到统计数据的有效支持，指示的荷电程度总是非线性变化。

8．储存性能和自放电

电池的储存性能是指电池在开路时，一定条件下（如湿度、温度等）储存一定时间后主要性能参数的变化，包括容量的下降、外观情况有无变化或渗液现象。对于电池的储存性能，国家标准有明确的规定，这里就不详细说明了。

对于所有的化学电池，即使在与外部电路没有接触的条件下开路设置，经过干储存（不带电解液）或湿储存（带电解液）一定时间后，其容量会自行降低，这个现象称自放电，也称为荷电保持能力。

电池在储存期间，虽然没有放出电能，但是在电池内部总是存在着自放电现象。即使是干储存，也会由于密封不严，进入水分、空气及二氧化碳等物质，使处于热力学不稳定状态的部分正极和负极活性物质构成微电池腐蚀机理，自行发生氧化还原反应而白白消耗掉。如果是湿储存，更是如此，长期处在电解液中的活性物质也是不稳定的。负极活性物质大多是活泼金属，都会发生阳极自溶。酸性溶液中，负极金属是不稳定的，在碱性溶液及中性溶液中也不是十分稳定。

电池自放电的大小，用自放电率来衡量，一般用单位时间内容量减少的百分比表示，即

$$自放电率 = \frac{C_0 - C_t}{C_0} \times 100\% \tag{2-4}$$

式中，C_0 表示储存前电池容量，单位是 $A \cdot h$；C_t 表示储存后电池容量，单位是 $A \cdot h$；t 表示储存时间，用天、周、月或年表示。

降低电池自放电的措施，一般是采用纯度较高的原材料，或将原材料预先处理，除去有害杂质。也可在负极金属板栅中加入氢过电位较高的金属，如 Ag、Cd 等，还有的在溶液中加入缓蚀剂，目的都是抑制氢的析出，减少自放电反应的发生。

9．寿命

电池的寿命分为储存寿命、使用寿命和循环寿命。

（1）储存寿命。电池自放电的大小，也可以用电池储存至某规定容量时的天数表示，

称为储存寿命。储存寿命指从电池制成到开始使用之间允许存放的最长时间，以年为单位。包括储存期和使用期在内的总期限称电池的有效期。电池的储存寿命有"干储存寿命"和"湿储存寿命"两个概念。必须指出，这两个概念仅是针对电池自放电大小而言的，并非电池的实际使用期限。电池的真正寿命是指电池实际使用的时间长短，即电池的使用寿命。

对于在使用时才加入电解液的电池储存寿命，习惯上也称为干储存寿命。干储存寿命可以很长。对于出厂前已加入电解液的电池储存寿命，习惯上称为湿储存寿命（或湿荷电寿命）。湿储存时自放电严重，寿命较短，这也是衡量二次电池性能的重要参数之一，湿搁置使用寿命越长，电池性能越好。在目前常用的电池中，镍镉电池湿搁置使用寿命为2~3年，铅酸蓄电池为3~5年，锂离子电池为5~8年，锌银电池最短，只有1年左右。

（2）使用寿命。使用寿命是指电池实际使用的时间长短。对一次电池而言，电池的寿命是表征给出额定容量的工作时间（与放电倍率大小有关）。对二次电池而言，电池的寿命分充放电循环寿命和湿搁置使用寿命两种。

充放电循环寿命，是衡量二次电池性能的一个重要参数。经受一次充电和放电，称为一次循环（或一个周期）。在一定的充放电制度下，电池容量降至某一规定值之前，电池能耐受的充放电次数，称为二次电池的充放电循环寿命。充放电循环寿命越长，电池的性能越好。在目前常用的二次电池中，镍镉电池的充放电循环寿命为500~800次，铅酸蓄电池为200~500次，锂离子电池为600~1 000次，锌银电池很短，约100次。

二次电池的充放电循环寿命与放电深度、温度、充放电制式等条件有关。所谓放电深度，是指电池放出的容量占额定容量的百分数。减少放电深度（即"浅放电"），二次电池的充放电循环寿命可以大大延长。

（3）循环寿命。循环寿命是蓄电池在满足规定条件下所能达到的最大充放电循环次数。在规定循环寿命时必须同时规定充放电循环试验的制度，包括充放电速率、放电深度和环境温度范围等。

2.4 电动汽车对动力电池的要求

电动汽车对动力电池的要求主要有以下几点：
（1）比能量高。为了提高电动汽车的续航里程，要求电动汽车上的动力电池尽可能储存较多的能量，但电动汽车又不能太重，同时电动汽车上的空间有限，其安装电池的空间也不能太大，这就要求电池具有较高的比能量。
（2）比功率大。为了使电动汽车在加速性能、爬坡能力和负载行驶等方面能与燃油汽车竞争，要求电池具有较高的比功率。
（3）充电技术成熟、时间短。充电技术要有通用性，能够实现无线充电，在充电时间上能够实现快速充电。
（4）连续放电率高、自放电率低。电池能够适应快速放电的要求，自放电率要低，电池能够长期存放。
（5）适应车辆运行环境。电池能够在常温条件下正常稳定地工作，不受环境温度的影响，不需要特殊的加热、保温系统，能够适应电动汽车行驶时的振动。

（6）安全可靠。电池应干燥、洁净，电解质不会渗漏腐蚀接线柱、外壳；应不会引起自燃或者燃烧，在发生碰撞等事故时，不会对乘员造成损伤。废电池能够回收处理和再生利用，电池中有害金属能够集中回收处理。电池组可以采用机械装置进行整体快速更换，线路连接方便。

（7）寿命长，免维护。电池的循环寿命不应低于 1 000 次，在使用寿命限定时间内，不需要进行维护和修理。

美国能源部（DOE）/新生代汽车联合体（PNGV）对混合动力车用动力电池的性能要求见表 2 - 1。

表 2 - 1　美国能源部（DOE）/新生代汽车联合体（PNGV）
对混合动力车用动力电池的性能要求

性能	并联式（最小值）	串联式（最小值）
放电脉冲功率（18 s）/kW	25	65
充电脉冲功率（10 s）/kW	30	70
总能量/(kW·h)	0.3	3.0
最低效率/%	90	95
使用年限	10	10
最大质量/kg	40	65（+10 kg/(kW·h)，超过 3 kW·h）
操作电压范围/V	300 ~ 100	300 ~ 100
操作温度范围/℃	-40 ~ 52	-40 ~ 52
最大允许自放电/(kW·h·d^{-1})	50	50

相应地，随着我国新能源汽车行业的不断发展，我国对新能源汽车电池的标准也在不断更新，图 2 - 5 所示为目前我国动力电池方面的一些国家标准，供大家学习参考。

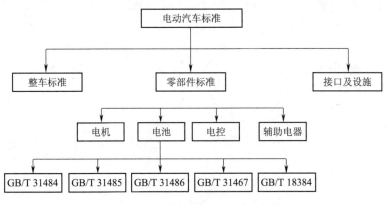

图 2 - 5　我国电动汽车电池行业标准

第 2 章　纯电动汽车动力电池的基本概念

习题

1. 动力电池按照电池的反应原理可分为哪几类？
2. 简述车用动力电池的工作原理。
3. 动力电池常用的性能指标有哪几项？
4. 纯电动汽车对动力电池有哪些要求？

第3章

纯电动汽车常用动力电池

◆ 了解目前纯电动汽车常用的动力电池有哪几种。

◆ 熟悉常用动力电池的结构和工作原理。

◆ 了解各种动力电池在纯电动汽车上的应用。

❋ 导读

作为电动汽车的能量来源，自电动汽车诞生以来，动力电池技术一直是影响其实用化进程的关键因素之一。提高功率密度、能量密度、使用寿命以及降低成本一直是电动汽车动力电池技术研发的核心。目前，国内外研究开发的电动汽车用动力电池主要包括铅酸蓄电池、镍镉电池、镍氢电池、铁镍电池、钠氯化镍电池、钠硫电池、锂电池、空气电池、燃料电池、太阳能电池等，本章我们就来学习电动汽车常见动力电池的结构和性能。

❋ 3.1 铅酸蓄电池

作为纯电动汽车动力电池的铅酸蓄电池是蓄电池的一种，是指采用稀硫酸做电解液，用二氧化铅和海绵状铅分别做电池的正极和负极的一种酸性蓄电池。

3.1.1 铅酸蓄电池的基本概念

1. 铅酸蓄电池的发展

铅酸蓄电池自1859年发明以来，其使用和发展已有100多年的历史，广泛用作内燃机汽车的起动动力源。电动汽车用铅酸蓄电池主要用于给电动汽车提供动力，它的主要发展方向是提高比能量，增大循环使用寿命。

铅酸蓄电池是目前最成熟的电动汽车蓄电池。1881年，世界上第一辆电动三轮车使用的就是铅酸蓄电池。由于铅酸蓄电池技术成熟，可靠性好，原材料易得，价格便宜，比功率也基本上能满足电动汽车的动力性要求，因此在电动汽车中广泛应用。

常规铅酸蓄电池有两大缺点：一是比能量低，所占的质量和体积太大，且一次充电行驶里程较短；二是使用寿命短。随着铅酸蓄电池技术的发展，适合电动汽车使用的各种新型铅酸蓄电池不断出现，其性能不断提高。

作为电动汽车动力源的铅酸蓄电池在比能量、深放电循环寿命、快速充电等方面不能很好地满足电动汽车的要求，为了解决电动汽车用铅酸蓄电池这三大技术难题，国际铅锌组织（ILZO）于 1992 年联合 62 家世界著名铅酸蓄电池厂家成立了先进铅酸蓄电池研制联盟（ALABC），共同研制电动汽车用铅酸蓄电池。ALABC 开发的铅酸蓄电池各项性能均取得了明显的提高。

国内外对铅酸蓄电池的研究已经达到先进水平。日本 GS 公司生产的 SER60 电池比能量为 34 W·h/kg，能量密度为 91 W·h/L，比功率为 300 W/kg（50% SOC）；日本松下公司生产的动力型铅酸蓄电池循环寿命已突破 1 000 次（80% SOC）；汤浅公司的动力型密封铅酸蓄电池比能量已超过 40 W·h/kg。美国 BPC 公司和 Trojon 公司开发的双极性密封铅酸蓄电池，正负极位于同一片导体的两侧面，用吸液式纤维隔板储存电解液组成密封电池，其额定电压为 180 V，容量为 60 A·h，比能量不低于 50 W·h/kg，峰值比功率大于 700 W/kg，循环寿命不低于 1 000 次，预计使用寿命 10 年。

美国电源公司发明了水平铅布电池，其特点是正负极板和隔板采用卧式层叠组合；导电板栅上用玻璃纤维外挤压纯铅而成铅丝，用此铅丝编织成铅布；正膏、负膏分别涂在一块铅布的两端，中间留一段未涂膏的铅布，用包封机将双极板用超细玻璃纤维布包起来做成密封电池。其比能量为 50 W·h/kg，峰值比功率大于 500 W/kg，循环寿命不低于 900 次（80% DOD），大于 800 次（100% DOD）。水平铅布电池结构上的变化和新型复合材料的应用，大大提高了电池的比能量、比功率和循环寿命。

国内研制开发的电动汽车用水平极板铅酸蓄电池已经达到：3 小时率比能量 45 W·h/kg，10 min 持续比功率 80 W/kg，快速充电性能 4~5 h 100% 充电，15~20 min 70% 充电，80% DOD 寿命 600 次等性能。

铅酸蓄电池作为纯电动汽车动力源，在比能量、深放电循环寿命、快速充电等方面均比镍氢电池、锂离子电池差，不适用于电动轿车。但由于其价格低廉，国内外将它的应用定位在速度不高、路线固定、充电站设立容易规划的车辆上。

2. 铅酸蓄电池的分类

按照电池极板结构分类，有形成式、涂膏式和管式蓄电池。

按电池盖和结构分类，有开口式、排气式、防酸隔爆式和密封阀控式蓄电池。

按电池维护方式分类，有普通式、少维护式和免维护式蓄电池。

按我国有关标准规定，主要蓄电池系列产品有：

（1）起动型蓄电池（Q）：主要用于汽车、拖拉机、柴油机船舶等的起动和照明。

（2）固定型防酸式蓄电池（GF）：主要用于通信、发电厂、计算机系统，作为保护、自动控制的备用电源。

（3）牵引型蓄电池（D）：主要用于各种蓄电池车、叉车、铲车等的动力电源。

（4）铁路客车用蓄电池（T）：主要用于铁路客车照明和车上电气设备。

（5）内燃机车用蓄电池（N）：主要供内燃机车起动和照明用。

（6）摩托车蓄电池（M）：主要用于各种规格摩托车的起动和照明。

（7）航空用蓄电池（HK）：用于飞机起动、照明和通信。

（8）潜艇用蓄电池（JC）：用于潜艇水下航行的动力、照明和电气设备。

（9）坦克用蓄电池（TK）：用于坦克的起动、用电设备和照明。

（10）矿灯用蓄电池（K）：供井下矿工安全帽上的矿灯照明。

（11）航标用蓄电池（B）：用于航道夜间航标照明。

3. 铅酸蓄电池的特点

（1）使用寿命长。高强度紧装配工艺，提高电池装配紧度，防止活性物质脱落，提高电池使用寿命。低酸密度电液，提高电池充电接受能力，增强电池深放电循环能力。增多酸量设计，确保电池不会因电解液枯竭而缩短电池使用寿命。因此，GFM（固定安装阀控密封防酸雾）系列蓄电池的正常浮充设计寿命可达 15 年以上（25 ℃）。

（2）高倍率放电性能优良。高强度紧装配工艺，电池内阻极小，大电流放电特性优良，比一般电池提高 20% 以上。

（3）自放电低。高纯度原料和特殊制造工艺，自放电很小，室温储存半年以上也无须补电。

（4）维护简单。特殊氧气吸收循环设计，克服了电池在充电过程中电解失水的现象，在使用过程中电解液水分含量几乎没有变化，因此电池在使用过程中完全无须补水，维护简单。

（5）安全性高。电池内部装有特制安全阀，能有效隔离外部火花，不会引起电池内部发生爆炸。

（6）安装简捷。电池立式、侧卧、叠层安装均可，安装时占地面积小，灵活方便。

（7）洁净环保。电池使用时不会产生酸雾，对周围环境和配套设计无腐蚀，可直接将电池安装在办公室或配套设备房内，无须作防腐处理。

3.1.2 铅酸蓄电池的结构及工作原理

1. 铅酸蓄电池的结构

铅酸蓄电池由正负极板、隔板、电解液、溢气阀、外壳等部分组成，其结构如图 3－1 所示。

（1）极板。极板是铅酸蓄电池的核心部件，它以铅锑合金为骨架，上面紧密地涂上铅膏，经过化学处理后，正、负极板上形成各自的活性物质，正极板上的活性物质是二氧化铅（PbO_2），负极板上的活性物质为海绵状纯铅。

（2）隔板。隔板是隔离正、负极的活性物质，它的作用是防止短路；作为电解液的载体，能够吸收大量的电解液，起到促进离子良好扩散的作用；它还是正极板产生的氧气到达负极板的"通道"，以顺利建立氧循环，减少水的损失。在电池内部，按照正极板—隔板—负极板，然后再重复正极板—隔板—负极板这样的规律构成多层次的机构，它们中间充满电解液，如图 3－2 所示。

（3）电解液。铅酸蓄电池一律采用硫酸电解质，即蒸由馏水和纯硫酸按一定比例配制而成，主要作用是参与电化学反应。电解液是铅酸蓄电池的活性物质之一。电池槽中装入一定密度的电解液后，由于电化学反应，正、负极板间会产生约 2.1 V 的电动势。

（4）溢气阀。溢气阀位于电池顶部，起到安全、密封、防爆等作用。

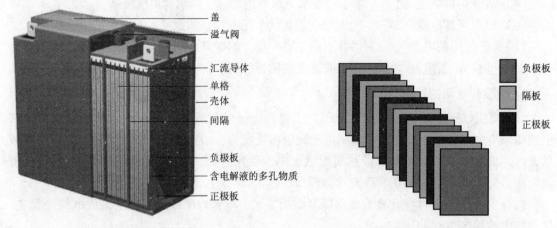

图 3－1　铅酸蓄电池的基本结构　　　　图 3－2　铅酸蓄电池内部结构

（5）电池槽及槽盖。电池槽及槽盖是盛放正、负极板和电解液的容器，即蓄电池外壳，如图 3－3 所示。它为整体结构，壳内由隔壁分成三格或六格互不相通的单格；其底部有突起的肋条，用来搁置极板组；肋条间的空隙用来堆放从极板上脱落下来的活性物质，以防止极板短路。槽的厚度及材料直接影响到电池是否鼓胀变形。外壳材料一般是用橡胶或工程塑料，如 PVC 或 ABS 槽盖。

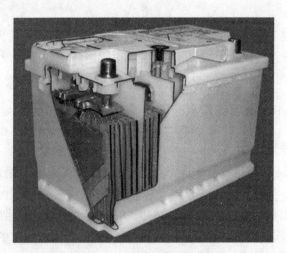

图 3－3　铅酸蓄电池的壳体

2. 铅酸蓄电池的工作原理

蓄电池的工作过程就是化学能与电能之间的相互转化过程。铅酸蓄电池使用时，把化学能转换为电能的过程叫放电。在使用后，借助于外部直流电在电池内进行化学反应，把电能转变为化学能而储蓄起来，这种蓄电过程称作充电。

铅酸蓄电池充足电时的正极材料是二氧化铅（PbO_2），负极材料是海绵状纯铅，电解质材料为纯硫酸（H_2SO_4）。

放电过程为：放电前，正极板上的二氧化铅电离为四价的铅离子（Pb^{4+}）和二价氧离子（O^{2-}），铅离子附着在正极板上，氧离子进入电解液中，使正极板具有 2.0 V 的正电位。

负极板上的纯铅电离为二价铅离子（Pb^{2+}）和两个电子（$2e^-$），铅离子进入电解液中，电子留在负极，使负极具有 $-0.1\ V$ 的负电位。这样正负极之间就有了电位差 $2.1\ V$。

放电时正极板上的四价铅离子与电子结合生成二价铅离子，进入电解液再与硫酸根离子结合生成硫酸铅（附着在正极板上）；负极板上，二价铅离子也与硫酸根离子结合生成硫酸铅（附着在负极板上）。电解液中的硫酸因氢离子和硫酸根离子的迁移而被消耗掉，生成水，所以放电后电解液的密度是逐渐下降的。

放电时正、负极的化学反应式：

正极：

$$PbO_2（固）+4H^+（水溶液）+SO_4^{2-}（水溶液）+2e^- \longrightarrow PbSO_4（固）+2H_2O（液）$$

负极：

$$Pb（固）+SO_4^{2-}（水溶液）\longrightarrow PbSO_4（固）+2e^-$$

充电过程，如果把放电后的蓄电池接一个直流电源，使蓄电池正极接直流电源的正极，蓄电池的负极接直流电源的负极，当外电压高于蓄电池的电动势时，电流将以与放电电流相反的方向流过蓄电池，使蓄电池正、负极发生与放电过程正好相反的化学反应。这里不做详细介绍。

综上，铅酸蓄电池在充放电时总的化学反应式为

$$\underset{\substack{\text{正极} \\ PbO_2 \\ \text{二氧化铅}}}{} + \underset{\substack{\text{电解液} \\ 2H_2SO_4 \\ \text{硫酸}}}{} + \underset{\substack{\text{负极} \\ Pb \\ \text{海绵状铅}}}{} \underset{\text{充电}}{\overset{\text{放电}}{\rightleftharpoons}} \underset{\substack{\text{正极} \\ PbSO_4 \\ \text{硫酸铅}}}{} + \underset{\substack{\text{电解液} \\ 2H_2O \\ \text{水}}}{} + \underset{\substack{\text{负极} \\ PbSO_4 \\ \text{硫酸铅}}}{}$$

3.1.3 铅酸蓄电池的性能与检测（充放电特性及方法）

1. 铅酸蓄电池的放电特性

在铅酸蓄电池不放电的情况下，蓄电池中活性物质微孔中的电解液 H_2SO_4 的密度与极板外的电解液密度相同。铅酸蓄电池开始放电，活性物质表面的电解液密度立即下降，而极板外的电解液缓慢地向活性物质表面扩散，不能立即补偿活性物质表面电解液的密度，随着放电过程的进行，活性物质表面的电解液密度继续下降，结果导致蓄电池的端电压下降，如图 3-4 *AB* 段所示。

铅酸蓄电池继续放电，在活性物质表面的电解液浓度下降的同时，极板外的电解液向活性物质表面扩散，补充了活性物质表面的电解液并保持了一定的浓度，活性物质表面的电解液的浓度变化缓慢，使蓄电池的端电压也随即保持稳定，如图 3-4 *BC* 段所示。

蓄电池继续放电，极板外的电解液的整体浓度逐渐降低，在活性物质表面的电解液浓度也随之降低。又由于电解液和活性物质被消耗，其作用面积不断减小，结果是蓄电池的端电压下降，如图 3-4 *CD* 段所示。

在放电末尾阶段，正、负电极上的活性物质逐渐转变为 $PbSO_4$，$PbSO_4$ 的生成使活性物质孔隙率降低，使活性物质与 H_2SO_4 的接触更加困难，并且由于 $PbSO_4$ 使不良导体蓄电池的内阻增加，当蓄电池的端电压达到 *D* 点后，蓄电池的端电压急剧下降，达到所规定的终止电压。

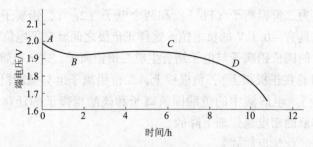

图 3－4　铅酸蓄电池的放电曲线

　　蓄电池的放电与放电电流有密切关系，大电流放电时，蓄电池的电压下降明显，平缓部分缩短，曲线的斜率很大，放电时间缩短；随着放电电流的减小，蓄电池的电压呈下降趋势，曲线也较平缓，放电时间延长。这种放电特性对蓄电池的正确使用有重要意义。

2. 铅酸蓄电池的充电特性

　　在蓄电池充电开始后，首先活性物质表面的 $PbSO_4$ 转换为 Pb，并在活性物质表面附近生成 H_2SO_4，蓄电池的端电压迅速上升，如图 3－5 AB 段所示。当达到 B 点以后，活性物质表面和微孔内的 H_2SO_4 浓度平缓地增加，蓄电池的端电压上升也比较缓慢，如图 3－5 BC 段所示。随着充电过程继续进行，达到充电量 90% 左右，反应的极化增加，蓄电池的端电压明显再次上升，如图 3－5 CD 段所示，这时蓄电池的端电压达到 D 点，蓄电池的两极开始大量析出气体。超过 D 点以后进行的电解过程，蓄电池的端电压又达到一个新的稳定值。

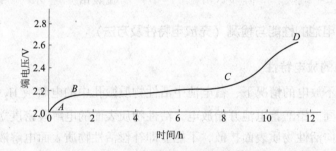

图 3－5　铅酸蓄电池的充电曲线

　　蓄电池充电还受到充电电流条件的影响，充电电流越大，活性物质的反应越快，反应生成 H_2SO_4 的速度越快，浓度增加越快，蓄电池的端电压上升越快。一般来说，用较大的电流充电时，固然可以加快充电过程，但能量的损失也较多，在充电终期大部分电能用于产生热量和分解水。另外，用较大的电流充电时，电极上电流的分布不均匀，电流分布多的部分活性物质的反应快，电流分布少的部分活性物质不能充分转化。所以，在蓄电池充电的后期应减少充电电流。

　　另外，蓄电池充电时蓄电池端电压的变化，是随充电时电流强度变化而变化的，电流强度大，蓄电池端电压高；电流强度小，蓄电池端电压低。

3. 铅酸蓄电池的充电方法

　　蓄电池的充电可以分为常规充电和快速充电两种，常规充电方法主要有恒流充电法、分段电流充电法、恒压充电法、恒压限流充电法等。

1）恒流充电法

恒流充电法是通过调整充电装置输出电压或改变与蓄电池串联的电阻的方式使充电电流强度保持不变的充电方法。该方法控制简单，但由于蓄电池可接受电流的能力是随着充电过程的进行而逐渐下降的，到充电后期，充电电流多用于电解水，产生气体，使析气过甚，此时电能不能有效转化为化学能，多变为热能消耗掉了。因此，常选用阶段充电法。恒流充电法曲线如图 3-6 所示，充电电流选择 10 h 率或 20 h 率。恒流充电法能使蓄电池充电比较彻底，但需经常调节充电电压，且充电时间较长。

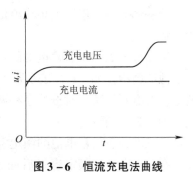

图 3-6　恒流充电法曲线

2）分段电流充电法

在充电过程中，为更有效地利用电能而采用逐渐减小电流的方法。考虑到蓄电池的具体情况，一般分为数段进行充电，如二阶段充电法和三阶段充电法。这里我们只介绍二阶段充电法。

二阶段充电法是采用恒电流和恒电压相结合的快速充电方法，如图 3-7 所示。首先，以恒电流充电至预定的电压值，然后改为恒电压完成剩余的充电。一般两阶段之间的转换电压就是第二阶段的恒电压。

3）恒压充电法

充电电源的电压在全部充电时间里保持恒定的数值，随着蓄电池端电压的逐渐升高，电流逐渐减小。与恒流充电法相比，其充电过程更接近于最佳充电曲线。用恒定电压快速充电的曲线如图 3-8 所示。由于充电初期蓄电池电动势较低，充电电流很大，随着充电的进行，电流将逐渐减小，因此只需简易控制系统。这种充电方法电解水很少，避免了蓄电池过充电。但在充电初期电流过大，对蓄电池寿命造成很大影响，且容易使蓄电池极板弯曲，造成蓄电池报废。恒压充电法很少使用，只有在充电电源电压低而电流大时采用，如汽车行驶过程中，蓄电池就是以恒压充电法充电的。

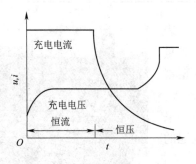

图 3-7　二阶段充电法曲线

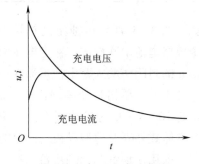

图 3-8　恒压充电法曲线

4）恒压限流充电法

为了克服恒压充电法初期电流过大而使充电设备不能承受的缺点，常采用恒压限流充电法来代替恒压充电法。在充电第一阶段，用恒定的电流充电；在蓄电池电压达到一定电压后，维持此电压恒定不变，转为第二阶段的恒压充电过程，当充电电流下降到一定值后，继续维持恒压充电约 1 h 即可停止充电。

4. 铅酸蓄电池的型号

目前，国产铅酸蓄电池的型号分为三部分，其排列及含义如下：

第一部分表示串联的单格电池数，用阿拉伯数字表示。铅酸蓄电池标准电压是这个数字的 2 倍。

第二部分表示串联蓄电池的类型和特征，用汉语拼音字母表示。其中前一部分字母表示蓄电池的类型，如 "Q" 表示蓄电池；后一部分字母为蓄电池的特征代号，如 "A" 表示干荷电，具有两种特征时按顺序将两个代号并列标志。蓄电池按照用途和结构特征划分的特征代号如表 3-1 所示。

第三部分表示蓄电池的额定容量，我国目前采用 20 h 放电率的容量，单位为 A·h。此外，有的蓄电池在额定容量后面还用一个字母表示其具有的特殊性能，如 G 为高起动率，S 为塑料外壳，D 为低温起动性能好。

表 3-1　铅酸蓄电池各特征代号的含义

序号	蓄电池类型（主要用途）	型号	蓄电池特征	型号
1	起动型	Q	密封式	M
2	固定式	G	免维护	W
3	牵引（电力机车）用	D	干式荷电	A
4	内燃机车用	N	湿式荷电	H
5	铁路客车用	T	微型阀控式	WF
6	摩托车用	M	排气式	P
7	船舶用	C	胶体式	J
8	储能用	CN	卷绕式	JR
9	电动道路车用	EV	阀控式	F
10	电动助力车用	DZ		

例如，图 3-9 所示电池上的符号为 6-FM-33，表示由 6 个单格电池串联而成，额定电压为 12 V，额定容量是 33 A·h 的封闭防酸式蓄电池。而 6-QAW-100S 型蓄电池是一种由 6 个单格电池串联而成，额定电压为 12 V，额定容量是 100 A·h 的起动型干荷电免维护蓄电池，采用了塑料整体式外壳及薄型极板。此处的 Q 表示蓄电池的特征类型，即用途为汽车起动用蓄电池。

图 3-9　铅酸蓄电池

3.1.4 铅酸蓄电池的应用

铅酸蓄电池是古老的二次电池，有近 150 年的历史，在很多工业领域有广泛的应用，如汽车、摩托车的起动、点火、照明（SLI 电池）及通信行业，电力工业的后备电源，铁路内燃机车的牵引电池等。特别是阀控式密封铅酸蓄电池，由于其良好的密封性、不漏液及相对传统开口式电池有较高的能量密度，更因其性价比优势和安全性，成为车载动力的首选。动力型 VRLA 电池已广泛应用于高尔夫车、家庭割草机、电动自行车、电动摩托车、轻型电动车和混合动力汽车等。

1. 电动自行车

我国政府将环境保护作为实施可持续发展战略的重要内容，燃油汽车不仅对环境造成污染，而且资源相对紧张，因此 1996 年我国启动了电动车重大科技产业化工程项目。作为电动车动力的电池包括铅酸蓄电池、镍氢电池、锂离子电池和燃料电池。1991 年，国家将电动车铅酸蓄电池研究列为重点项目。为迎接 2008 年北京奥运会，国家投入 28 亿元用于电动公交车的开发。

我国新设计的概念车将使用 24 只 12 V/55 A·h 电池组，平均功率为 18 kW，峰值功率为 51 kW，电池的尺寸为 386 mm×116 mm×175 mm。鉴于我国国情的客观因素，电动助力自行车是介于机动车和非机动车之间的代步工具，更突出了它的许多优点和实用性。

在我国，电动自行车是常用代步工具，电池的好坏，决定电动自行车业能否走向成熟并保持稳定的发展。我国电动自行车的发展自 20 世纪 60 年代以来经历了三起三落，主要原因就是电池性能不能满足要求。阀控式铅酸蓄电池（VRLA 电池）的出现给电动车行业带来了生机。20 世纪 80 年代，VRLA 电池在我国通信行业得到成功应用，称为工业电池。20 世纪 90 年代末，我国一些企业和高校开始研究将 VRLA 电池作为动力电源应用在电动自行车上并获得成功，其作为民用电池被广大用户所接受。图 3 – 10 所示为应用动力 VRLA 电池的电动摩托车和电动自行车。

（a）   （b）

图 3 – 10　应用动力 VRLA 电池的电动摩托车和电动自行车

（a）电动摩托车；（b）电动自行车

电动自行车应用 VRLA 电池在我国已经有 10 年，制造技术和产品质量都有巨大进步。VRLA 电池在电动自行车中属于深循环使用，还经常有过放电现象。电动自行车在爬坡时又是大电流放电。夏季南方室外温度很高，冬季北方气温在 – 20 ℃以下，使用条件比较恶劣。VRLA 电池在初期经常出现电池鼓胀、干涸、漏液、微短路、使用寿命短等问题。为了进一步推动电动自行车电池的有序发展，2001 年 10 月，中国机械工业联合会发布了中华人民共和国机械行业标准 JB/T 10262—2001《电动助力车用密封铅酸蓄电池》，电动自行车电池的标称容量是 2 h 率放电容量，终止电压为 1.75 V/单体。概括地说，电动自行车用 VRLA 电池 10 年的技术进步表现在电池性能大幅度提高。目前电动自行车采用的动力电池 99% 是 VRLA 电池，极少采用镍氢电池和锂离子电池。

但是，我国动力 VRLA 电池生产的自动化程度还较低，特别是电池组装工序手工操作较多。国产装配设备近几年虽然有很大进步，但和国外先进设备相比还有较大差距。图 3 – 11 所示为国内几家公司的电动自行车用 VRLA 电池。

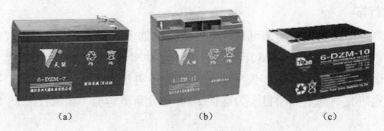

（a）　　　　　　（b）　　　　　　（c）

图 3 – 11　电动自行车用 VRLA 电池

2. 电动牵引车

电动牵引车是制造工厂、物流中心等搬运产品的常用运输工具，主要采用富液管式铅酸蓄电池或胶体 VRLA 电池作为动力电源，具有无污染、无噪声的优点。图 3 – 12 所示为采用胶体铅酸蓄电池的电动牵引车。

图 3 – 12　采用胶体铅酸蓄电池的电动牵引车

3. 纯电动汽车和混合动力电动汽车

电动车采用 VRLA 电池作为电源是首选方案，主要是因为 VRLA 电池价格低、安全、铅的回收率高等。美国 GM 公司于 1997 年推出的 EV1 计划就是采用 VRLA 电池作为动力电源。EV1 混合动力电动汽车（见图 3 – 13）的速度为 100 km/h，一次充电的续航里程为 193 km。到 1999 年共制造了 1 117 辆，当时一辆 EV1 的售价为 33 995 美元，电池的质量约为 500 kg。1999 年推出了第二代 EV1，但是由于价格等原因，2004 年 GM 公司终止了 EV1 计划。

图 3 – 13　EV1 混合动力电动汽车

EV1 汽车采用的 36 V 电池和现在车用 12 V 电池有本质的区别，现在车用 12 V 电池的功能只是燃油汽车的起动、照明和点火，所以称为 SLI 电池。目前国内外大多采用富液式铅酸蓄电池和富液式免维护铅酸蓄电池。

采用 36 V 电池的汽车，已经是一种微混合的混合动力电动汽车，电池不仅起到燃油引擎的起动、点火和照明作用，还作为直流电动系统的动力电源，并且刹车时能对能源回收储存，因此又是汽车的动力电池。国外已经开发出的 36 V 电池，主要是阀控式密封铅酸蓄电池。日本 GS 公司开发的 36 V 阀控式密封铅酸蓄电池，采用 2 × 9 单体的电池结构以及改性的 AGM 隔板，电池性能达到了 36 V/42 V 体系汽车的要求。目前油点混合动力电动汽车已经成熟，获得了大规模的商业应用，最为成功的是丰田公司的 Prius 混合动力电动汽车，到 2008 年 3 月，其在全球已经累计销售 100 万辆。混合动力电动汽车的类型与使用的电池类型如表 3 - 2 所示。

表 3 - 2　混合动力电动汽车动力电池的类型

项目	微型混合	轻度混合	中等混合	全混合
电池类型	铅酸蓄电池	VRLA 电池	镍氢电池、卷绕式 VRLA 电池	镍氢电池、Li - ion 电池
电池电压/V	12	36	144	>200
电池容量/(A·h)	50 ~ 60	15 ~ 20	6 ~ 8	6

3.2　碱性电池

3.2.1　碱性电池的基本概念

1. 碱性电池的概念及发展

碱性电池是以氢氧化钾等碱性水溶液作为电解液的二次电池的总称，包括镍镉电池、镍氢电池、镍锌电池等。相对铅酸蓄电池，碱性电池具有比能量高、耐过充电性好和密封性好等优点，缺点是价格较高。

最早的碱性电池是瑞典 W. Jungner 于 1899 年发明的镍镉电池和爱迪生于 1901 年发明的镍铁电池，镍铁电池曾作为碱性电池的代表产品生产了较长时间。随着具有高倍率性能、低温特性和较长的循环寿命的密闭烧结式镍镉电池的研制成功，镍铁电池逐渐被替代。

自 20 世纪末，环保呼声日益高涨，锡的污染越来越受到重视，镍氢电池成为研究的热点。镍氢电池的发展源于储氢合金的研制，1984 年荷兰飞利浦公司成功研制出 LaNi$_5$ 储氢合金并制备出镍氢电池，有关镍氢电池的各项研究也随之扩展开来并取得了很大成就。镍氢电池由于其优良的充放电性能、无污染、高容量和高能量密度等特点，备受消费者的青睐，从 20 世纪 90 年代到现在，镍氢电池一直是二次电池市场的主流产品，不但广泛应用于各类消费类电子产品上，而且被用于电动工具和电动车电源，目前商品化程度最好的日本丰田公司的混合动力电动汽车使用的就是镍氢电池。

碱性电池通常所用的电解液为 KOH 和 NaOH 的水溶液，在以 Ni(OH)$_2$ 为正极材料的碱性电池的电解液中添加少量 LiOH，Li⁺ 能够掺入活性物质的晶格中，增强质子迁移能力，同时 Li⁺ 的掺入还可抑制 K⁺ 等的掺入，使活性物质里的游离水稳定地存在于晶格间，可以稳定二价镍和三价镍之间的转化循环，提高循环寿命，同时提高充电过程中正极氧气的析出电势，提高活性物质的利用率。Li⁺ 还能够消除铁的毒化作用，但是当 LiOH 的浓度过大时，电解液导电性下降，低温下反而使放电容量降低，并且生成 $LiNiO_2$，导致电池的工作电压下降。NaOH 作为常见的碱性电解质，由于容易吸收空气中的 CO_2 以及电导率不如 KOH，在碱性电池中的使用受到限制。

电解液浓度对电导率的影响存在一对相互矛盾的因素。浓度增加时单位体积溶液内的离子数增加，有利于导电；但是同时阴阳离子之间的静电力增大，电解质的电离度下降，又对导电不利。所以，在电导率与电解液的浓度关系中有个最大值。

碱性电池的隔膜也是决定电池放电特性、自放电和长期可靠性的重要材料。当电池过充电时，会从正极产生气体，然后通过隔膜，在负极消耗掉，从而防止电池内部的压力上升。因此，隔膜必须有适度的透气性，隔膜的吸碱量、保液能力和透气性是影响电池性能的关键因素。隔膜在碱性电池中主要起隔离两电极的电子通路、保持两电极之间具有良好的离子通道和防止活性物质迁移等作用。

碱性电池用隔膜必须具有以下性能：

① 良好的润湿性和电解液保持能力。
② 良好的化学稳定性，优良的抗氧化能力，不易老化。
③ 足够的机械强度。
④ 较好的离子传输能力和较低的面电阻。
⑤ 良好的透气性。

隔膜的亲水性可以保证吸碱量，而憎水性可提高隔膜的透气性。如果对隔膜做一些处理，可以使其既具备良好的吸液、保液能力，同时又具有良好的透气性，从而提高电池的综合性能。

2. 碱性电池的分类

碱性电池按其正、负极活性物质的种类主要有镍镉电池、镍氢电池、镍锌电池和 Zn – AgO 电池等二次电池。表 3 – 3 列出了这些电池的充、放电反应。表 3 – 3 中所列的电池，电解液中的 KOH 不直接参与电极反应，这也是碱性电池有别于铅酸蓄电池的一大特征，这正是碱性电池倍率特性、低温特性及循环寿命优异的主要原因。本教材重点介绍镍氢电池的工作原理。

表 3 – 3　碱性蓄电池的充、放电反应

种类	充、放电反应
镍镉电池	$Cd + 2NiOOH + 2H_2O \underset{充电}{\overset{放电}{\rightleftharpoons}} 2Ni(OH)_2 + Cd(OH)_2$
镍氢电池	$MH + NiOOH \underset{充电}{\overset{放电}{\rightleftharpoons}} M + Ni(OH)_2$
镍锌电池	$Zn + 2NiOOH + 2H_2O \underset{充电}{\overset{放电}{\rightleftharpoons}} 2Ni(OH)_2 + Zn(OH)_2$

种类	充、放电反应
Zn – AgO 电池	$Zn + 2AgO + H_2O \underset{充电}{\overset{放电}{\rightleftharpoons}} Ag_2O + Zn(OH)_2$ $Zn + Ag_2O + H_2O \underset{充电}{\overset{放电}{\rightleftharpoons}} 2Ag + Zn(OH)_2$
Cd – AgO 电池	$Cd + 2AgO + H_2O \underset{充电}{\overset{放电}{\rightleftharpoons}} Ag_2O + Cd(OH)_2$ $Cd + Ag_2O + H_2O \underset{充电}{\overset{放电}{\rightleftharpoons}} 2Ag + Cd(OH)_2$

3. 镍氢电池的特点

镍氢电池具有无污染、高比能量、大功率、快速充放电、耐用性等许多优异特性。与铅酸蓄电池相比，镍氢电池除具有比能量高、质量小、体积小、循环寿命长的特点以外，还具有以下特点：

（1）比功率高。目前商业化的镍氢功率型电池能做到 1 350 W/kg。

（2）循环次数多。目前应用在电动汽车上的镍氢电池，80% 放电深度（DOD）循环可以达 1 000 次以上，为铅酸蓄电池的 3 倍以上，100% DOD 循环寿命也在 500 次以上，在混合动力电动汽车中可使用 5 年以上。

（3）无污染。镍氢电池不含铅、镉等对人体有害的金属，为 21 世纪"绿色环保电源"。

（4）耐过充过放。

（5）无记忆效应。

（6）使用温度范围宽。正常使用温度范围为 –30 ~ 55 ℃，储存温度范围为 –40 ~ 70 ℃。

（7）安全可靠。短路、挤压、针刺、安全阀工作能力、跌落、加热、耐振动等安全性、可靠性试验无爆炸、燃烧现象。

3.2.2 镍氢电池的结构及工作原理

作为绿色高能二次电池之一的镍金属氢化物（Nickel Metel Hydride）二次电池，一般简称为镍氢电池，是一种高能绿色环保电池。该电池以储氢合金材料替代金属镉，消除了对环境的污染，同时具有高能量密度、大功率、高倍率放电、快速充电能力、无明显记忆效应等特点，是 20 年多来二次电池重点发展的方向之一。

镍氢电池是一种绿色环保电池，由于储氢合金材料的技术进步，大大推动了镍氢电池的发展，而且淘汰镍镉电池的步伐也已加快，镍氢电池发展的黄金时代已经到来。镍氢电池的技术发展大致经历了三个阶段。第一阶段即 20 世纪 60 年代末至 70 年代末，为可行性研究阶段。第二阶段即 20 世纪 70 年代末至 80 年代末，为实用性研究阶段。从 1984 年开始，荷兰、日本、美国都致力于研究开发储氢合金电极。1988 年美国 Ovonic 公司，1989 年日本松下、东芝、三洋等电池公司先后开发成功镍氢电池。第三阶段即 20 世纪 90 年代初至今，为产业化阶段。我国于 20 世纪 80 年代末研制成功电池用储氢合金，1990 年研制成功 AA 型镍氢电池，截至 2005 年年底，全国已有一百多家企业能批量生产各种型号规格的镍氢电池，

第 3 章 纯电动汽车常用动力电池

国产镍氢电池的综合性能已经达到国际先进水平。在国家"863"计划的推动下，镍氢电池是"十五"计划我国电池行业重点之一，镍氢电池作为动力在电动汽车和电动工具方面应用的研究已经取得了一定的成就，成功地用于电动工具、电动自行车和电动汽车的动力电池，日本丰田公司的混合动力电动汽车使用的就是镍氢电池。

1. 镍氢电池的结构

镍氢电池是将物质的化学反应产生的能量直接转化成电能的一种装置，它的结构与铅酸蓄电池类似，主要由正极、负极、隔板和电解液等组成。镍氢电池的正极板为镍氢化合物，负极板为储氢合金，而电解液则为碱性电解液（如30%的氢氧化钾溶液）。密封一次性镍氢电池的性能特点主要取决于本身体系的电极反应。图3-14所示为AA型镍氢电池的结构。

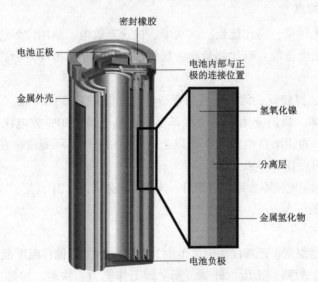

图3-14　AA型镍氢电池的结构

2. 镍氢电池的工作原理

镍氢电池充电时，正极上的Ni(OH)$_2$转变为NiOOH，由于质子在NiOOH/Ni(OH)$_2$中的扩散系数小，是氢氧化镍电极充电过程的控制步骤。在负极，析出的氢原子吸附在储氢合金表面，形成吸附态MHad，然后再扩散到储氢合金内部，形成金属氢化物MH。原子氢在储氢合金中的扩散速率较慢，扩散系数一般只有$10^{-8} \sim 10^{-7}$ cm/s，因此，氢原子扩散是储氢合金负极充电过程的控制步骤。过充电时，由于镍氢电池是正极限容，正极会产生O$_2$，O$_2$通过隔膜扩散到负极，由于负极电势负，在储氢合金的催化作用下又生成OH$^-$，总反应为零。因此过充电时，KOH的浓度和水的总量保持不变。

镍氢电池放电时，NiOOH得到电子转变为Ni(OH)$_2$，金属氢化物内部的氢原子扩散到表面形成吸附态的氢原子，再发生电化学氧化反应生成水。正极质子和负极氢原子的扩散过程仍然是负极放电过程的控制步骤。过放电时，正极上的NiOOH已经全部转变成Ni(OH)$_2$，这时H$_2$O便在镍电极上还原生成H$_2$，而在负极上会发生H$_2$的电化学氧化，又生成H$_2$O，这时电池总反应的净结果仍为零。但是过放电时，镍电极出现了反极现象，镍电极电势反而比氢电极电势更负。镍氢电池充、放电时正负极的反应如表3-4所示。

表 3 – 4　镍氢电池正、负极的充、放电反应

反应过程	正极	负极
充电	$Ni(OH)_2 + OH^- - e^- \longrightarrow NiOOH + H_2O$	$M + H_2O + e^- \longrightarrow MH + OH^-$
过充电	$4OH^- - 4e^- \longrightarrow 2H_2O + O_2 \uparrow$	$2H_2O + O_2 + 4e^- \longrightarrow 4OH^-$
放电	$NiOOH + H_2O + e^- \longrightarrow Ni(OH)_2 + OH^-$	$MH + OH^- - e^- \longrightarrow M + H_2O$
过放电	$2H_2O + 2e^- \longrightarrow 2OH^- + H^2 \uparrow$	$H_2 + 2OH^- - 2e^- \longrightarrow 2H_2O$
总反应	$MH + NiOOH \overset{放电}{\underset{充电}{\rightleftharpoons}} Ni(OH)_2 + M$	

在镍氢电池充、放电反应中，储氢合金担负着储氢和在其表面进行电化学催化反应的双重任务。在过充电和过放电过程中，由于储氢合金的催化作用，可以消除产生的 O_2 和 H_2，从而使镍氢电池具有耐过充电、过放电的能力。但随着充放电循环的进行，储氢合金会逐渐失去催化能力，电池的内压会逐渐升高。

当镍氢电池以标准电流放电时，平均工作电压为 1.2 V。当电池以 8 C 率放电时，端电压降至 1.1 V 时，则认为放电已完成。电压 1.1 V 称为 8 C 率放电时的放电终止电压（0.6 ~ 0.8 V）。

3.2.3　镍氢电池的性能

1. 镍氢电池的充放电特性

镍氢电池的充放电特性可以通过对电池进行不同倍率的充放电实验获得。通常电池在一定电流下进行充电和放电时都是使用曲线来表示电池的端电压和温度随时间的变化，把这些曲线称为电池的特性曲线。

一般充放电电流的大小常用充放电倍率来表示，即

$$充放电倍率 = \frac{充放电电流}{额定容量}$$

例如，额定容量为 100 A·h 的电池用 20 A 放电时，其放电倍率为 0.2 C。

1）充电特性

在充电起始阶段，电池端电压迅速上升，随着时间的延长，电池电压上升减缓，电池的容量与电池的端电压有一定的对应关系，如图 3 – 15 所示的曲线 1。

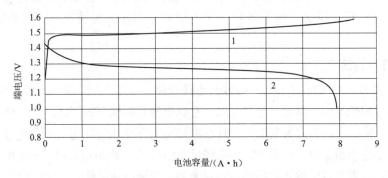

图 3 – 15　电池常温 5 C 充电曲线

曲线 1—5 C 充电 8.4 A·h；曲线 2—常温 0.5 C 放电至 1.0 V

第 3 章　纯电动汽车常用动力电池

电池在高温情况下充电，虽然充电时间较长，但充电效率下降，导致放电容量减少，如图 3－16 所示。

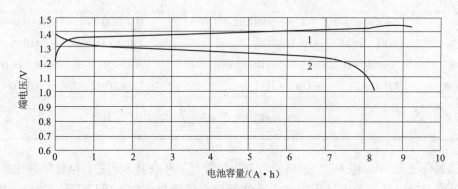

图 3－16　电池高温（45 ℃）充电曲线
曲线 1—高温（45 ℃）1 C 充电 9.24 A·h；曲线 2—常温 0.5 C 放电至 1.0 V

在充电电流的作用下，电池的端电压迅速上升，而且充电电流越大，充电效率越低。在充电结束后，由于电池极化作用的消失，电池端电压逐渐下降。

2）放电特性

随着放电的进行，总的趋势是随着放电时间的延续，电池的端电压不断下降。放电电流越大电池所能放出的能量越小，电池的端电压越低，如图 3－17 所示。

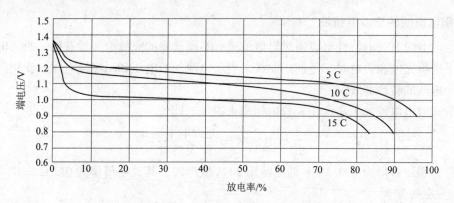

图 3－17　电池常温下不同倍率放电曲线

在相应电流下，温度随充放电过程的变化而变化，同时也可以根据充放电电流的大小和时间计算出充放电容量。虽然常温下延长了充电时间，但在低温情况下，电池放电容量将会下降。

2. 镍氢电池的性能

（1）储存特性。在实际应用中，动力电池经仓储、运输到安装到电动车上以及电动车的销售，需要经过较长时间，甚至几个月，这就存在电池长期储存的问题。在这种情况下，原荷电状态（SOC）50% 出厂的镍氢电池 3 个月左右即会有部分电池的开路电压低于 1.0 V，而这时如果再对上述电池组充电，就会出现容量降低 20% 左右、内阻增加以及充电电压升高等一系列问题，严重影响镍氢电池的正常使用。相对而言，镍镉电池的储存性能比镍氢电池好。

（2）自放电率。镍氢电池的自放电率较高，约为镍镉电池的 2 倍，它与正、负极材料及电解液的组成，隔膜材料及电池的化成方法等有关。另外，合金热处理和合金组分对电池自放电率也有影响。

（3）功率特性。镍氢电池在使用时经常高倍率充放电，其功率特性是最重要的指标，混合动力电动汽车用镍氢电池的输出比功率可达 1 500 kW/kg。在输入功率方面，镍氢电池显示出独特的优势，可按输出功率的等值进行充电并保持很高的充电效率。这也是目前混合动力电动汽车基本上以镍氢电池为配套电池的原因。

（4）循环寿命。动力电池寿命影响电动车的成本和市场开拓，目前高质量的镍氢电池可满足纯电动汽车 2×10^5 km 和混合动力电动汽车 10^5 km 的累计行驶里程要求。影响镍氢电池寿命的因素主要有材料（正、负极活性物质，隔膜，电解液）、电池制作工艺、电池单体一致性和电池使用条件规范化等。

（5）安全性。由于电动车在行驶过程中经常处于大幅度振荡的状态中，导致镍氢电池也处于不稳定的工作状态中，容易出现以下安全问题。

① 漏液。电解液泄漏影响电池的使用性能和汽车的正常行驶。一旦电解液泄漏到汽车零部件表面，就会造成汽车零部件腐蚀损坏，使其不能正常工作。

② 氢气渗漏。由于镍氢电池在工作过程中有大量的氢气析出，氢气很容易渗漏到电池容器外，当氢气在汽车内部所占体积在其爆炸极限体积之内时，就容易导致爆炸。而且汽车在行驶过程中很容易发生轻度的碰撞、摩擦、漏电和短路等现象，从而导致点火源的产生，给汽车带来严重的安全问题。

③ 电池内产生氢氧爆炸性混合气体。镍氢电池在工作过程中有大量的氢气和氧气析出，电池内部就存在大量的氢氧爆炸性混合气体。电池在正常工作时有大量的热放出，过充电时其温度可能急剧升高，而电池壳是个高压容器，这些氢氧性混合气体就容易发生爆炸。

（6）内压特性。镍氢电池的内压过高会导致安全阀的多次开启，致使电池内部电解液逐渐干涸，容量下降，寿命迅速衰减。产生内压的原因有两个，即充电后期正极的析氧和负极的析氢，因此任何抑制正极过充电时氧气析出、加快氧在负极表面复合以及提高合金储氢速度的措施都有助于降低电池内压。对于促进负极合金储氢速度，则通过改进储氢合金的制备工艺和调整合金组分来达到目的。

（7）快速充电。镍氢电池要满足快速充电要求，就必须解决电池内压和发热问题。实现快速充电必须满足以下几个条件：

① 充电电流加大，正极析氧提前，氧气大量析出，将导致电池内压增高，因此，要提高析氧过电势和正极充电效率，减少氧气的析出，可以通过在正极中添加钴类添加剂、在电解液中加入提高正极充电效率的物质，同时提高负极预留容量和对负极进行表面处理，使负极在正极过充电时保持良好的吸附氢能力，这些都是降低电池内压的有效途径。

② 正、负极要有足够小的极化内阻，能够快速释放和吸收电子，避免极化电势升高。

③ 负极表面要有足够好的活性，能够快速复合正极析出的氧气。

④ 隔膜要有良好的透气性，使正极产生的氧气能够快速向负极方向转移。

⑤ 控制合适的电解液量，以提供良好的三相氛围，易于氧气的复合。

（8）高温性能。镍氢电池经常在高倍率条件下充放电，如 HEV 使用的电池一般为 3～8 C 的电流充电，10～30 C 的电流放电，极易导致电池温度升高。而高温下氧的析出更加容易，使电池充电的库仑效率大大降低。正极析出的氧气在负极上复合，放出大量的热，电池内温度会进一步上升，结果形成恶性循环，导致热失控（Thermal Runaway）。

电池温度的升高都会导致负极储氢合金的氧化腐蚀加剧，隔膜老化，缩短电池的寿命。因此，提高电池组的高温充电效率，减少氧气的析出，避免热失控现象的发生，是解决问题的关键。

（9）电池的热管理。镍氢电池的充放电性能及寿命很大程度上受电池运行实际温度的影响。电池内阻的存在和充电后期正极析出的氧气在负极上复合，放出大量的热，是促使镍氢电池温度升高最主要的原因，充电电流越大，温度上升的速度越快。电池内部温度升高，会降低析氧过电势，结果形成恶性循环。

镍氢电池的最佳工作温度在20 ℃左右，但由于环境温度过高、导热条件不佳等，电池的工作温度可能超出该范围，比如混合动力电动汽车运行时，环境温度的变化范围可达 −30～60 ℃。电池组内模块温度的均匀性也是影响电池组性能的重要因素。由于镍氢电池使用时通常是由多个单体电池组成电池组，不同单体电池所处的位置和散热条件也不同，工作时温度不均匀，导致各电池充放电性能不平衡，在整组电池充电时，温度高的电池充电效率低，充不足；在以后的放电过程中，这一部分电池很容易过放电，在经过若干次充放电之后，电池的性能差异会越来越大。导致整组电池充电时，容量低的电池先被充满，这部分电池很容易产生过充电；相应地，在放电过程中，这一部分电池容易过放电。结果表现出可充入的电量减少，发热更加严重，安全性能下降和寿命降低。由于电池组中单体电池是互相串联的，任何一只电池性能下降都会影响电池组的整体表现，因此当部分电池的最大充电量衰减到额定容量的80%时，就不能再用了。

3.2.4 镍氢电池的应用

1990 年，镍氢电池在日本开始规模化生产。在随后的 10 年时间里，它一直占据小型电池市场的大部分份额。到 2000 年，全球镍氢电池的产量高达 13 亿只。随后由于锂离子电池技术的迅速发展并实现规模化生产，部分镍氢电池的市场份额受到锂离子电池的挤压，全球镍氢电池的产量逐年下降。直到 2004 年，镍氢电池的产量才开始止跌并呈现一个新的上升趋势，至 2007 年又达到 11 亿只。主要原因是镍氢电池在混合动力电动汽车领域取得了成功的工业应用。迄今，在 HEV 领域，应用较多的仍是镍氢电池。国际上制造 HEV 的六大汽车集团如日本丰田、尼桑、本田，美国通用、福特，德国大众中，有五家公司选用镍氢电池系统，表明大功率镍氢电池技术已完全成熟。特别是已经上市的 HEV 轿车中，多数使用镍氢电池且以圆柱形电池为主。

我国在"九五"期间就把电动车技术列入重大产业化工程项目，在"十五""十一五"期间又将其列为国家高技术"863"计划重大专项。经过几年努力，我国电动汽车及相关系统的开发取得很大进展。电动汽车重大专项已经有上百家企业、高校和研究所参加，如"三大汽车集团"（一汽、二汽和上汽），长安、奇瑞公司以及电机、电池企业，几乎包括全国所有与此相关的企业。一汽、二汽、长安、奇瑞、天汽、上汽的 HEV 轿车均完成了样车试制，正在进行整车综合性能测试和定型准备并开始制订量产计划，其中前四种样车都采用镍氢电池。

尽管小型镍氢电池早已实现了产业化，但 HEV 用的镍氢电池在产业化方面尚有难度，对动力电池的要求是：超高功率输入、超高功率输出、多电池组合（一般 120 节或 240 节）

性好、超长循环寿命（保证整车运行 12 × 10⁴ km 以上不维修）、较低的价格和优异的高低温性能（-25 ~ 55 ℃都能正常工作）等。

国外研制 HEV 用高功率镍氢电池的公司主要有日本的三洋电机株式会社、松下 EV 电池公司、美国的 Cobasys 公司、德国的 Varta 公司和法国的 Saft 公司等，主要的电池供应商是三洋电机株式会社和松下 EV 电池公司。

松下 EV 电池公司早在 1997 年就开始生产 HEV 用的圆柱形（D）6.5 A·h 的镍氢电池组，其质量比功率达 600 W/kg。早期丰田的 Prius、本田的 Insight 和 Civic 采用的就是这种型号的电池。2004 年，松下 EV 电池公司报道其推出的 HEV 用 6.5 A·h 方形镍氢模块，放电质量比功率高达 500 W/kg。图 3 – 18 所示为松下 EV 电池公司的圆柱形及方形镍氢电池。

（a）　　　　　　　　　　　　　　　　　（b）

图 3 – 18　松下 EV 电池公司的圆柱形及方形镍氢电池
（a）圆柱形；（b）方形

松下 EV 电池公司 7.2 V/6.5 A·h 方形镍氢电池模块已经被全球多种批量生产的油电混合动力电动汽车所采用，到 2007 年松下提供镍氢电池累计超过 1 000 万只，如全球市场占有率达到 30% 的丰田 Prius 混合动力电动汽车，采用松下镍氢电池 7.2 V/6.5 A·h（1 kg）× 28，（即 201 V/6.5 A·h（C/3）），其质量小、寿命长，具有世界最高水平的输入输出密度 540 W/kg。图 3 – 19 所示为 Prius 混合动力电动汽车的镍氢电池组。本田 Insight 属于中等混合的 HEV，它采用 144 V 镍氢电池组（7.2 V/6.5 A·h ×20），安装在汽车的后备厢底部，如图 3 – 20 所示。

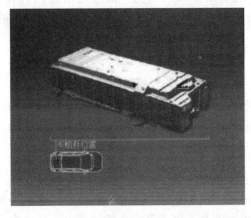 

图 3 – 19　Prius 混合动力电动汽车的镍氢电池组　　　**图 3 – 20　本田 Insight HEV 内的镍氢电池组**

雷克萨斯混合动力电动汽车也同样配置了 201 V、39 kg、20 kW 的镍氢电池组，不同的是车内另外配置了 12 V 铅酸蓄电池 1 只，作为燃油引擎的点火、起动用电池，以减轻镍氢电池组的负担，延长其使用寿命。

美国 Cobasys 公司采用 Ovonic 公司的镍氢电池技术，开发了容量为 12~60 A·h 的一系列高功率镍氢电池，质量比功率达到 550~600 W/kg，体积比功率达到 1 200~1 400 W/L，峰值比功率可达 1 000 W/kg，质量比能量为 50~70 W·h/kg，使用温度在 60 ℃时能量效率仍保持在 80%~90%，充电比功率也超过 500 W/kg。该电池为方形塑胶壳，一些电池组采用水冷方式冷却，现在也实现了商品化。

法国 Saft 公司的 4/5SF 型（ϕ41 mm×93 mm）高功率镍氢电池容量为 14 A·h，质量比能量为 47 W·h/kg，80% 充电状态对应的质量比功率为 900 W/kg，体积比功率达 2 500 W/L。

另外，日本的蓄电池公司、古河电池公司、东北电力公司、汤浅公司及韩国现代汽车公司等都在进行积极开发。

在我国科技工作者的共同努力下，我国镍氢电池的技术正快速发展，在镍氢电池研发和产业化方面取得了很大的进展。

北京有色金属研究院开发的 384 V/80 A·h 镍氢电池系统，相应的 12 V 电池模块质量比能量达到 61 W·h/kg，峰值比功率达到 406 W/kg，电池 28 天荷电保持率达 91%，还进行了混合动力的城市客车的装车试验。湖南神舟科技股份有限公司研制出了 40 A·h 的镍氢电池。该电池充电电流可达 4 CmA，放电电流可达 8 CmA；单体电池 1 C 充电 80% SOC，2 C 放电 100% DOD 的循环寿命超过 3 100 次，在寿命期内，容量高于 40 A·h 的循环次数达 2 700 次，单组电池装车运行已累计超过 10^5 km。其 8 A·h 的镍氢电池主要与轿车配套，质量比能量为 45 W·h/kg，质量比功率为 800 W/kg，电池的循环寿命超过 400 次。春兰集团分别在 2002 年、2003 年、2004 年、2005 年研制了 80 A·h，60 A·h，40 A·h，27 A·h 的 HEV 用镍氢电池，质量比功率分别为 200 W/kg，400 W/kg，500 W/kg，620 W/kg。

❀ 3.3　锂离子电池

目前用于纯电动汽车和混合动力电动汽车的主要有镍氢电池和锂离子电池，而锂离子电池质量比能量可达 120~150 W·h/kg，不仅比能量高于镍氢电池，而且短时间内（10 s 内）的质量比功率可达 1 000 W/kg 以上，明显优于镍氢电池。因此，锂离子电池成为人们研究的热点。

3.3.1　锂离子电池的基本概念

所谓锂离子电池，是指分别用两个能可逆地嵌入与脱嵌锂离子的化合物作为正负极构成的二次电池，原理如图 3-21 所示。人们将这种靠锂离子在正负极之间的转移来完成电池充放电工作的独特机理的锂离子电池形象地称为"摇椅式电池"，俗称"锂电"。

1. 锂离子电池的发展

锂离子电池是 1990 年由日本索尼公司首先推向市场的新型高能蓄电池，是目前世界最新一代的充电电池。与其他动力电池比较，锂离子电池具有电压高、比能量高、充放电寿命

图 3-21　锂离子电池的原理

长、无记忆效应、无污染、快速充电、自放电率低、工作温度范围宽和安全可靠等优点，它已成为未来电动汽车较为理想的动力电源。相比于镍氢电池，混合动力电动汽车采用锂离子电池，可使电池组的质量下降 40% ~ 50%，体积减小 20% ~ 30%，能源效率也有一定程度的提高。

随着成本的急剧降低和性能的大幅度提高，已有许多汽车生产厂家开始投入使用锂离子电池。全球主要国家已有 20 余家企业进行锂离子电池研发，如富士重工、NEC、东芝、Johnson Controls、Degussa AG/Enax、Sanyo 电机、Panasonic EV Energy 等。

在日本，富士重工与 NEC 合作开发廉价的锰酸锂电池，具有高安全性、低制造成本的特点，在车载环境下的寿命高达 12 年、10 万公里，与纯电动汽车的整车寿命相当。东芝开发的可急速充电锂离子电池组，除了小型、大容量的特点之外，采用了能使纳米级微粒均一化固定技术，可使锂离子均匀地吸附在蓄电池负极上，能在 1 min 内充电至其容量的 80%，再经 6 min 便可充满电。丰田公司在 2008 年宣布与长期合作伙伴松下公司联盟，开始生产用于新型充电式混合动力电动汽车的锂离子电池，现在丰田和松下已开始研发第二代汽车用锂离子电池，和现有的相比性能已有很大提高。

美国的主要电池厂 Johnson Controls 针对电动汽车需求特性的锂离子电池于 2005 年 9 月在威斯康星州 Milwaukee 设立研发地点，2006 年 1 月与法国电池厂 Saft 共同成立 Johnson Controls – Saft Advanced Power Solution（JCS），JCS 于 2006 年 8 月承接了美国能源部（DOE）所主导 2 年 USABC（United States Advanced Battery Consortium，美国先进电池联盟）纯电动汽车锂离子电池研发计划合约，另外也与车厂签约提供高功率锂离子电池。

2006 年 1 月，江森控制在全球开始研发和制造用于混合动力电动汽车和纯电动汽车的锂离子电池，江森控制将会成为混合动力电动汽车用电池的主要供应商，它将为奔驰 S400 混合动力电动汽车提供蓄电池。

三洋电机 2008 年 5 月 28 日宣布，向德国大众集团供应混合动力电动汽车用锂离子充电电池系统。三洋电机目前量产的车载锂离子充电电池，其正极以混合镍、锰、钴的三元材料为基础，并添加了自主开发的添加物等加以改进，比原来的三元材料提高了安全性、耐久性及低温特性。高温保存特性方面，在 60 ℃ 环境下，当 SOC 为 100% 时，400 天后仍可确保 80% 的输出功率。循环寿命特性方面，60 ℃ 环境下在 3.0 ~ 4.1 V 的电压范围内以 2 C 的速度充放电，结果显示在 1 万次后仍可维持 80% 以上的输出功率。作为混合动力电动汽车用充电电池，可使用 10 ~ 15 年。此次未公布混合动力电动汽车用充电电池组及单元的详细情况，但据估计单元的电流容量为 5 A·h 左右，电池组有约 80 个单元，因此可以推测，电池组电压在 300 V 左右，电容量在 1.5 kW·h 左右。

2008 年 5 月，日产和日本电气公司宣布在日本建立用于汽车的锂离子电池的合资企业，这两家日本公司投资 120 亿日元，在神奈川的 Zama 建立新的生产线，起初的年产量为 13 000 件，最终将达到 650 000 件。

博世公司 2008 年 6 月与韩国的三星 SDI 签署了各投资一半建立合资企业的合同，生产混合动力电动汽车的锂离子电池，公司宣布，在 2010 年投产，最初投资 2 千万美元，接着还会投入约 5 亿美元。

我国在锂离子电池方面的研究水平，有多项指标超过了 USABC 提出的长期目标所规定的指标，目前已经把锂离子电池作为电动汽车用动力电池的重要发展目标。

由此可见，锂离子电池的发展前景受到高度关注，它必将推动电动汽车的发展。

2. 锂离子电池的分类

按照锂离子电池的外形，可分为方形锂离子电池和圆柱形锂离子电池，如图 3 - 22 所示。

（a）　　　　　　　　　　　　（b）

图 3 - 22　锂离子电池的类型
（a）方形锂离子电池；（b）圆柱形锂离子电池

按照锂离子电池正极材料不同，汽车用锂离子电池主要分为锰酸锂离子电池、磷酸铁锂离子电池、镍钴锂离子电池或镍钴锰锂离子电池。

第一代车用锂离子电池是锰酸锂离子电池，成本低，安全性较好，但循环寿命欠佳，在高温环境下循环寿命更短，高温时会出现锰离子溶出的现象。第二代是具有美国专利的磷酸铁锂离子电池，是锂离子电池的发展方向，原因是原材料价格低且磷、铁、锂的资源丰富，工作电压适中，充放电特性好，放电功率高，可快速充电且循环寿命长，高温和高热稳定性好，储能特性强，完全无毒。典型的使用磷酸铁锂离子电池的是北汽公司生产的 EV150 纯电动汽车。

为了避开磷酸铁锂离子电池的专利纠纷，一些国家开发了镍钴锂离子电池或镍钴锰锂离子电池。由于钴价格昂贵，所以成本较高，安全性比磷酸铁锂离子电池稍差，循环寿命优于锰酸锂离子电池。

3. 锂离子电池的主要特点

锂离子电池有许多显著特点，它的优点主要表现为：

（1）工作电压高。锂离子电池工作电压为 3.6 V，是镍氢电池和镍镉电池工作电压的 3 倍。

（2）比能量高。锂离子电池比能量已达到 150 W·h/kg，是镍镉电池的 3 倍，镍氢电池的 1.5 倍。

（3）循环寿命长。目前锂离子电池循环寿命已达到 1 000 次以上，在低放电深度下可达几万次，超过了其他几种二次电池。

（4）自放电率低。锂离子电池月自放电率仅为 6% ~ 8%，远低于镍镉电池（25% ~ 30%）和镍氢电池（15% ~20%）。

（5）无记忆性。可以根据要求随时充电，而不会降低电池性能。

（6）对环境无污染。锂离子电池中不存在有害物质，是名副其实的"绿色电池"。

（7）能够制造成任意形状。

当然，锂离子电池也有一些不足，主要表现在以下几个方面：

（1）成本高。主要是正极材料 $LiCoO_2$ 的价格高，但按单位瓦时的价格来计算，已经低于镍氢电池，与镍镉电池持平，但高于铅酸蓄电池。

（2）必须有特殊的保护电路，以防止过充。

3.3.2 锂离子电池的结构和工作原理

1. 锂离子电池的结构

锂离子电池由正极、负极、隔板、电解液和安全阀等组成。圆柱形锂离子电池的结构如图 3 – 23 所示。

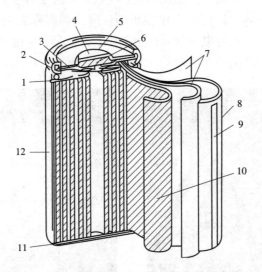

图 3 – 23 圆柱形锂离子电池结构的示意图

1，11—绝缘板；2—垫片；3—PTC 元件；4—正极接线柱；5—排气孔；6—保护阀（安全阀）；
7—隔膜板；8—负极引线；9—负极（碳材料）；10—正极；12—蓄电池外壳

1）正极

正极物质在锰酸锂离子电池中以锰酸锂为主要原料，在磷酸铁锂离子电池中以磷酸铁锂为主要原料，在镍钴锂离子电池中以镍钴锂为主要材料，在镍钴锰锂离子电池中以镍钴锰锂为主要材料。在正极活性物质中再加入导电剂、树脂黏合剂，并涂覆在铝基体上，呈细薄层分布。

2）负极

负极活性物质是由碳材料与黏合剂的混合物再加上有机溶剂调和制成糊状，并涂覆在铜基上，呈薄层状分布。

3）隔板

隔板的功能是关闭或阻断通道的作用，一般使用聚乙烯或聚丙烯材料的微多孔膜。所谓关闭或阻断功能，是电池出现异常温度上升，阻塞或阻断作为离子通道的细孔，使蓄电池停止充放电反应。隔板可以有效防止因外部短路等引起的过大电流而使电池产生异常发热现象。这种现象只要发生一次，电池就不能正常使用。

4）电解液

电解液是以混合溶剂为主体的有机电解液，为了使主要电解质成分的锂盐溶解，必须具有高电容率，并且具有与锂离子相容性好的溶剂，即不阻碍离子移动的低黏度的有机溶液为宜，而且在锂离子电池的工作温度范围内，必须呈液体状态，凝固点低，沸点高。

电解液对于活性物质具有化学稳定性，必须良好适应充放电反应过程中发生的剧烈的氧化还原反应。又由于使用单一溶剂很难满足上述严格条件，因此电解液一般混合不同性质的几种溶剂使用。

5）安全阀

为了保证锂离子电池的使用安全性，一般对外部电路进行控制或者在蓄电池内部设有异常电流切断的安全装置。即使这样，在使用过程中其他原因也有可能引起蓄电池内压异常上升，这样，安全阀释放气体，以防止蓄电池破裂。安全阀实际上是一次性非修复式的破裂膜，一旦进入工作状态，保护蓄电池使其停止工作，因此是蓄电池的最后保护手段。

图3-24所示为我国自主开发的电动汽车用锂离子电池。

图3-24 我国自主开发的电动汽车用锂离子电池

2. 锂离子电池的工作原理

锂离子电池是 Li^+ 在正负极之间反复进行脱出和嵌入的一种高能二次电池。它正极材料在放电时发生还原反应，采用较多的是过渡金属氧化物，如 $LiCoO_2$、$LiNiO_2$ 或 $LiMn_2O_4$；负极在放电时发生氧化反应，材料一般采用锂 – 碳层间化合物 Li_xC_6；电解液是有机溶液，为离子运动提供运输介质；隔膜为正负极提供电子隔离。典型的电池体系为

$$（ - ）\ C \mid LiPF_6 \longleftrightarrow EC + DEC \mid LiCoO_2\ （ + ）$$

图 3 – 25 所示为锂离子电池的工作原理，电池在充电时，锂离子从正极材料的晶格中脱出，通过电解质溶液和隔膜，嵌入负极中，而作为负极的碳呈层状结构，它有很多微孔，达到负极的锂离子就嵌入碳层的微孔中，嵌入的锂离子越多，充电容量越高；同样放电时，嵌在负极碳层中的锂离子脱出，通过电解质溶液和隔膜，嵌入正极材料晶格中。回正极的锂离子越多，放电容量越高。我们通常所说的电池容量指的就是放电容量。在整个充放电过程中，锂离子往返于正负极之间，正负极在充放电过程中，没有金属锂存在，只有锂离子，这就是锂离子电池。

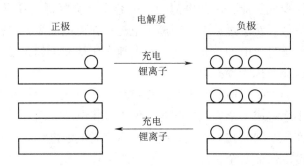

图 3 – 25　锂离子电池的工作原理

以 $LiCoO_2$ 为正极材料、石墨为负极材料的锂离子电池，正、负极的电化学反应为

正极：
$$LiCoO_2 \longrightarrow Li_{1-x}CoO_2 + xLi^+ + xe^-$$

负极：
$$6C + xLi^+ + xe^- \longrightarrow Li_xC_6$$

电池反应：
$$LiCoO_2 + 6C \longrightarrow Li_{1-x}CoO_2 + Li_xC_6$$

充放电过程中，锂离子处于从正极→负极→正极的运动状态。锂离子电池就像一把摇椅，摇椅的两端为电池的两极，而锂离子就像运动员一样在摇椅上来回奔跑，所以锂离子电池又叫摇椅式电池。由于锂离子电池只涉及锂离子而不涉及金属锂的充放电过程，从根本上解决了由于锂枝晶的产生而带来的电池循环性和安全性的问题。

一般锂离子电池充电电流设定在 $0.2 \sim 1.0\ CmA$，电流越大，充电越快，同时电池发热也越大。而且，过大的电流充电，容量不够满，因为电池内部的电化学反应需要时间。就跟倒啤酒一样，倒太快的话会产生泡沫，反而不满。

3.3.3　锂离子电池的性能

电池性能可以分为四大类：能量特性，如电池的比容量、比能量等；工作特性，如循环性能、工作电压平台、阻抗、荷电保持率等；环境适应能力，如高温性能、低温性能、抗振动冲击性能、安全性能等；配套特性，主要指与用电设备的配套能力好坏，如尺寸适应能

力、快速脉冲放电等。

1. 锂离子电池的充放电特性

在电压方面，锂离子电池对充电终止电压的精度要求很高，一般误差不能超过额定值的1%。终止电压过高，会影响锂离子电池的寿命，甚至造成过充电现象，对电池造成永久性的损坏；终止电压过低，又会使充电不完全，电池的可使用时间变短。

充电电流方面，锂电池的充电率（充电电流）应根据电池生产厂的建议选用。虽然某些电池充电率可达 2 C，但常用的充电率为 0.5～1.0 C。在采用大电流对锂离子电池充电时，因充电过程中电池内部的电化学反应会产生热，因此有一定的能量损失，同时必须检测电池的温度以防过热损坏电池或产生爆炸。此外对锂离子电池充电，若全部用恒定电流充电，虽然可以在一定程度上缩短充电时间，但很难保证电池充满，如果对充电结束控制不当还会造成过充现象。图 3－26 所示为锂离子电池的充电特性曲线。

放电方面，锂离子电池的最大放电电流一般被限制在 2～3 C。更大的放电电流会使电池发热严重，对电池的组成物质造成损坏，影响电池的使用寿命。同时，由于大电流放电时，电池的部分能量转变成热能，因此电池的放电容量将会降低。在过放电（低于 3.0 V）时，还会造成电池的失效。对于过放电的锂离子电池，在充电前需要进行预处理，即使用小电流充电，使电池内部被过放电的单元激活。在电池电压被充电到 3.0 V 后再按正常方式充电，通常将这一阶段的充电称为预充电。

锂离子电池的充电温度一般应该被限制在 0～60 ℃。电池温度过高会损坏电池并可能引起爆炸；温度过低虽不会造成安全方面的问题，但很难将电池充满。由于充电过程中，电池内部将有一部分热能产生，因此在大电流充电时，需要对电池进行温度检测，并且在超过设定充电温度时停止充电以保证安全。

对锂离子电池充放电性能的评价指标主要有电池的充放电时间、充放电效率、充放电电压平台、不同充放电倍率下的容量等。电池的放电倍率越高，放电电压平台和放电容量越低，图 3－26 和图 3－27 所示为锂离子电池不同倍率的充放电特性曲线。

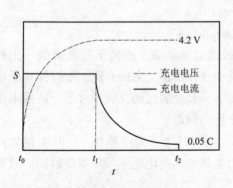

图 3－26　锂离子电池的充电特性曲线

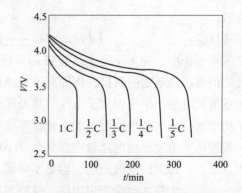

图 3－27　锂离子电池不同倍率的充放电特性曲线

2. 锂离子电池的充电方法

锂离子电池可以采用不同的充电方法，其中最简单的充电方法是恒压充电。采用恒压充电时，电池电压保持不变，而充电电流将逐渐降低。当充电电流降到低于 0.1 C 时，就认为电池被充分充电了。为了防止有缺陷的电池无休止地进行充电，采用一个备用定时器来终止充电周期。恒压充电是一个相对节省成本的方法，但是这种方法需要很长的电池充电时间。由于在电池充电期间充电电压保持恒定，充电电流降低的很快，因而充电速率也降低的很快。这样，电池就只是在比其能够接受的低得多的电流强度下进行充电。

兼顾充电过程的安全性、快速性和电池使用的高效性，锂离子电池通常采用恒流恒压充电方法，其充电过程可分为预充电、恒流充电、恒压充电三个阶段，如图 3 - 28 所示。

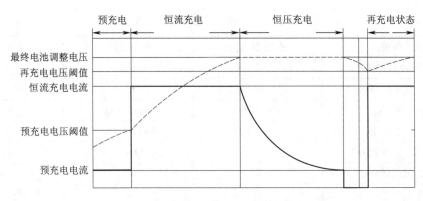

图 3 - 28　锂离子电池的充放电特性曲线

（1）预充电阶段。在该阶段，首先检测单节锂离子电池电压是否较低（<3.0 V），如果是则采用涓流充电，即用一个比较小的恒定电流对电池进行充电直至电池电压上升到一个安全值；否则可省略该阶段，这也是最普遍的情况。因为预充电主要是完成对过放的锂电池进行修复。

（2）恒流充电阶段。涓流充电后，充电器转入恒流充电状态。该状态下，充电电流保持不变的较大的值，电池的最大充电电流取决于电池的容量。

在恒流充电和预充电状态下，通过连续监控电池的电压和温度，可以采用以下两种恒流充电终止法，终止恒流充电。

① 电池最高电压终止法。当单节锂离子电池电压达到4.2 V时，恒流充电状态应立即终止。

② 电池最高温度终止法。在恒流充电过程中，当电池的温度达到60 ℃时，恒流充电状态应立即终止。

（3）恒压充电阶段。恒流充电结束后，则转入恒压充电状态。在该状态下，充电电压保持恒定。因为锂离子电池对充电电压精度的要求比较高，单节电池恒压充电电压应在规定值的±1%内变化，因此要严格控制锂离子电池的充电电压。在恒压充电过程中，充电器连续监控电池的电压、温度、充电电流和充电时间。

常用的恒压充电终止方法有以下四种方法：

① 电池最高电压终止法。当单节锂离子电池的电压达到4.25 V时，恒压充电状态自动终止。

② 电池最高温度终止法。当锂离子电池的最高温度达到60 ℃时，恒压充电状态自动终止。

③ 最长充电时间终止法。为了确保锂离子电池安全充电，除了设定最高电压和最高温度外，还应设置最长恒压充电时间，在温度和电压检测失败的情况下，可以保证锂离子电池安全充电。

④ 最小充电电流终止法。在恒压充电过程中，锂离子电池的充电电流逐渐减小，当充

电电流下降到一定数值（通常为恒流充电电流的1/10）时，恒压充电状态自动终止。

此外，电池充足电后，若电池仍插在充电器上，电池会由于自放电而损失电量。充电器应以非常小的电流对电池充电或是监测电池电位以备对电池再充电，这种状态称为维护充电状态。

铅酸蓄电池、镍氢电池和锂离子电池的技术性能如表3-5所示。

表3-5 三种动力电池的技术性能

技术性能	铅酸蓄电池	镍氢电池	锂离子电池
工作电压/V	2	1.2	3.6
比能量/$(W \cdot h \cdot kg^{-1})$	40	65	105~140
比功率/$(W \cdot kg^{-1})$	150~200	160~230	250~400
充放电寿命/次	500~700	600~1 200	800~1 200
自放电率/%（每月）	3	30~35	6~9
有无记忆效应	有	有	无
有无污染	有	无	无

3.3.4 锂离子电池的应用

锂离子电池以其优异的性能在动力电池市场脱颖而出，随着锂离子电池相关材料和制备技术的成熟，得到高安全、长寿命、低成本的锂离子电池已成为现实，从而也推动了锂离子电池产业的步伐。随着锂离子电池相应性能的完善，其应用领域也得到逐渐拓宽，在纯电动汽车和混合动力电动汽车、电动工具、航天和储能领域等都得到了广泛应用。

锂离子电池可以应用在便携式设备、卫星、储备电源、电动汽车等各种领域，具有替代各种二次电源的潜力，且具有广阔的前景。目前锂离子电池最热门的应用是电动汽车。当前许多世界著名汽车厂商都致力于开发纯电动汽车（EV）及混合动力电动汽车（HEV），而大部分采用的是锂离子电池。

1. 纯电动汽车、混合动力电动汽车、插电式混合动力电动汽车

为了根治汽车尾气对环境造成的污染，电动汽车及电动汽车电池的开发研究成为国内外汽车行业发展的新热点，而锂离子电池由于具有比能量高、自放电率小、循环寿命长、无记忆效应和对环境污染小等优点，成为实现中期目标的电动汽车动力电池之一。1997年7月，美国试验的Nissan Altra EV配备了Song LA4LB（94 A·h，28.8 V，90 W·h/kg，30 kg）锂离子电池，并于1998年推向加州市场；1997年10月，法国推出了欧洲第一辆使用锂离子电池的电动汽车Peugeot 106EV。目前，在锂离子电池研究方面领先的厂商有日本的Song、德国的Varta和法国的Saft，而未来，具有更高能量的聚合物锂离子电池（PLIB）将成为远期目标的电动汽车用锂离子电池。

特斯拉汽车公司——世界上第一个采用锂离子电池的纯电动车公司，全新的Tesla Roadster采用了极为先进的锂离子能量存储系统，其在一次充电后的巡航里程可达352公里，而其所配备的能量再生制动系统还可在车子减速时为锂离子电池组充电，从而使车子在行走途中就可获得能量的补给。美国EnerDel公司在"第七届国际高级汽车蓄电池与超级电容研讨会"上介绍了其混合动力电动汽车用锂离子电池,其正极采用锰酸锂,负极采用铁酸锂。放电倍率为 1 C 时,－30 ℃ 条件下可以确保 90% 以上放电容量。EnerDel 公司在温度 55 ℃ 放电深度(DOD)100%,反复对单体电池进行充放电,基本没有出现容量下降现象。美国阿尔泰技术公司,利用钛酸锂纳米晶体作为负极,研制出一种快速充放电的新型锂离子电池,充放电次数最高达 2 万次,快速充满电只需 5 min。

我国锂离子电池的研制始于 20 世纪,起步较晚。但自 2000 年以来,随着我国投入十多亿资金用于支持发展电动车和相关电池技术,以及"863"电动汽车重大专项的实施,有实力的国营、民营企业对锂离子电池进行了开发研究,生产的锂离子电池的性能与国外产品相当,某些方面甚至优于国外产品,对外出口量不断上升。其中电动自行车用锂离子电池和电动工具用锂离子电池产业化基础相对较好,电动汽车用电池仍处于研发和配车路试阶段。

2008 年北京奥运会期间,50 辆"零排放"电动公交车 24 小时不间断地穿梭在奥运村、媒体村等核心区域内,为国际奥委会官员、各国运动员和记者等提供出行服务。这批车除了能帮助北京各奥运场馆实现"低碳"运作,还可以提高公众对可持续公共交通工具的认识。这批电动公交车全部采用锰酸锂电池,其主要优点在于体积小,同时拥有更高的能量密度,充电 4 ~ 5 h 便可恢复使用,快充 1.5 ~ 2.0 h 就可以充 80% 的电。这些电动公交车,还拥有"零排放、低噪声"的环保优势。

国内开发电动车用锂离子电池的单位也有很多,如苏州星恒公司与上海大众公司合作开发了用锰酸锂离子电池的"超越 2 号"电动车(见图 3 - 29)。

比亚迪公司 2008 年 12 月推出的 F3DM 双模式纯电动车是该公司的代表产品,曾一度引起国内外轰动,其搭载的锂离子电池,输出功率为 125 kW,达到 3.0 L 发动机功率水平,起动瞬间加速能力超过 3.0 L 发动机水平,锂离子电池续驶里程达 100 km,它比丰田研制的同类产品早一年。该公司生产的 E6 纯电动轿车(见图 3 - 30)采用自行生产的磷酸铁锂离子电池,用 220 V 民用电源 15 min 可充电 80%,100 km 能耗为 20 kW·h,现已上市。奇瑞的 S18 纯电动汽车已经下线,该车应用 40 A·h 磷酸铁锂离子电池,可以在半小时内充电 80%。

图 3 - 29　"超越 2 号"电动车

图 3 - 30　E6 纯电动轿车

数据显示,2015 年中国市场的锂离子电池需求总量高达 3 520.36 万 kW·h,同比增长 79.08%;全球市场份额创造新高,达到 39.64%,比 2014 年提高了约 10 个百分点。其中,高速发展的中国新能源汽车市场的锂离子电池需求高达 1 604.06 万 kW·h(不含进口车辆的电池需求),同比增长近 300%;占中国市场锂离子电池总需求的比例达到 45.57%,较 2014 年的 21.42% 翻了一番有余。

2015 年中国市场的锂离子电池需求增量中，超过 3/4 是由新能源汽车市场创造的。2015 年全球车用动力锂离子电池需求总量 2 502.74 万 kW·h 中，64.09% 是由中国市场贡献的。

工信部的统计数据显示，2015 年中国车企共生产各类新能源汽车 379 018 辆，扣除其中不使用锂离子电池（主要是铅酸蓄电池、镍氢电池和超级电容器）的车辆以及燃料电池车之后，剩余 355 891 辆。这其中，纯电动乘用车 137 621 辆，锂离子电池需求 353.17 万 kW·h；插电式混合动力乘用车 63 048 辆，锂离子电池需求 90.21 万 kW·h；纯电动客车 85 517 辆，锂离子电池需求 926.17 万 kW·h；插电式混合动力客车 23 770 辆，锂离子电池需求 63.55 万 kW·h；纯电动专用车 45 935 辆，锂离子电池需求 170.96 万 kW·h。

2. 电动自行车

2005 年电动自行车所使用的动力电池大部分是铅酸蓄电池，其外观如图 3 – 31 所示。而锂离子电池质量比较小，在电动自行车上质量大概在 3.5 kg 左右，铅酸蓄电池质量是 13 ~ 15 kg，从电池角度来讲锂离子电池比铅酸蓄电池的质量少 10 kg。因此锂离子电池消耗的资源相对较少，只有铅酸蓄电池的 1/3，另外由于它质量小，所以使用锂离子电池整车质量比较小，符合国家新的标准，即要求电动自行车小于 40 kg。同样它的行驶里程更远一点，这样考虑如果人载重 75 kg 的话，电动自行车会比铅酸蓄电池的行驶里程高 1 000 km。另外它的体积比较小，只有铅酸蓄电池的 1/3 ~ 1/2，所以整车空间设计比较灵活，放置的位置可以不像目前铅酸蓄电池电动自行车那样千篇一律而使设计师的理念受到限制，锂离子电池设计比较方便。

图 3 – 31　电动自行车和锂离子电池组（36 V/10 A·h）

从 2007 年锂离子电池批量在电动自行车上应用，至今已有 10 年，其中专门生产锂电池电动自行车的企业，如苏州捷奥比、龙跃和杰翔，天津美丽行，宁波途尔，上海华拓等企业做出了重大贡献，而原来生产铅酸蓄电池电动自行车的企业一旦遇到问题，往往放弃锂电池的电动自行车而转向生产铅酸蓄电池电动车。现在比较成熟的锂电车生产企业，外销占 60% 以上，内销不足 40%，以外销带动内销。在动力锂电池的外销数量中，以锂电池五大件（电机、锂离子电池、充电器、控制器和传感器）出口大于整车出口，部件出口约占总数的 60%。

3. 电动工具

我国电动工具年产量占世界电动工具产量的 70%，电动工具出口额占世界电动工具出口额的40%以上，我国已成为世界电动工具的主要制造基地，是世界电动工具的生产大国和出口大国。电动工具主要要求电池的高倍率放电性能和循环性能，除此之外还要求电池具有好的安全性、宽的使用温度范围和较小的质量等，锂离子电池以其自身性能的优越性，成为目前电动工具首选的配套电源，所以其在电动工具方面的市场前景是可观的。

✵ 3.4 燃料电池

燃料电池（Fuel Cell）是一种将存在于燃料与氧化剂中的化学能直接转化为电能的发电装置。燃料和空气分别被送进燃料电池，电就被奇妙地生产出来。它从外表上看有正负极和电解质等，像一个蓄电池，但实质上它不能"储电"而是一个"发电厂"。它需要电极和电解质以及氧化还原反应才能发电，由于它是把燃料通过化学反应释出的能量变为电能输出，所以被称为燃料电池。

3.4.1 燃料电池的发展

燃料电池的诞生、发展是以电化学、电催化、电极过程动力学、材料科学、化工过程和自动化等学科为基础的。1839年格罗夫使用电解水产生的氢气和氧气，制造出第一节氢氧燃料电池，又被称为格罗夫电池。格罗夫电池的发电过程是：在稀硫酸溶液中插入两片白金箔，一端供给氧气，另一端供给氢气，氢气与氧气反应生成水，同时产生电流。他把多只电池串联起来作电源，点亮了伦敦讲演厅的照明灯，拉开了燃料电池发展的序幕。

1889年，英国人孟德和朗格尔首先提出燃料电池这个名称，并且用一个与格罗夫电池相似的装置产生电流密度约0.2 A/cm^2的电流。1894年，奥斯瓦尔德分析指出，使用燃料电池直接发电的效率可以达到50%~80%，而由热能做功的发电过程受卡诺循环限制，效率在50%以下。然而，就在燃料电池发展刚刚起步的时候，发电机问世了，它的出现推动了用热能做功发电技术的迅速发展，淡化了人们对燃料电池的兴趣，同时有关电极动力学和材料制备等基础研究方面的不足致使此后的60多年间燃料电池技术没有明显的进步。

20世纪中期，一些寻求高效能源的科学家又掀起了燃料电池的研究热潮。20世纪50年代，英国剑桥大学的培根经过长期卓有成效的研究之后，成功地开发出第一个实用型燃料电池——使用多孔镍电极，功率5 kW的碱性燃料电池系统，运行寿命达到1 000 h。他的主要贡献可归纳为：提出新型镍电极，采用双孔结构，改善了气体输运特性；提出制备电极的新工艺，解决了电极氧化腐蚀问题；提出电池系统排水新方案，保证了电解液工作质量。培根的研究成果奠定了现代燃料电池实用技术的基础。

20世纪60年代，美国的航天事业迅速发展，急需高性能电池作为航天器的电源。宇航局引进培根技术，开发了阿波罗登月飞船用燃料电池，之后又把燃料电池列入宇航飞船、太空实验室、航天飞机等空间开发计划中。苏联的"礼炮6号"轨道站也采用燃料电池作为主电源。在航天飞行中的巨大成功，进一步推动了燃料电池的研发热潮。

随着宇航项目数量的减少，燃料电池的研究开发经历了短时期的低潮。由于20世纪70年代初的石油危机，燃料电池的研究开发出现了新的浪潮，研究项目逐年增多。到20世纪70年代中期，燃料电池技术的发展有了新动向，已在空间应用方面达到最高水平的碱性燃料电池，逐步被磷酸燃料电池的广泛研究开发所取代，因为磷酸燃料电池更适用于燃料电池发电站，其功率已达到兆瓦级，寿命也已达到实用要求。由于在电能和热能方面的高效率，20 世纪 80 年代熔融碳酸盐和 20 世纪 90 年代固体氧化物燃料电池都得到了快速发展，但寿命仍然是高温燃料电池必须解决的难题。

到 20 世纪 90 年代，质子交换膜燃料电池获得了较大的发展。质子交换膜燃料电池虽然早在 20 世纪 60 年代就已出现，却未被用到空间技术上，对其重视程度也不及碱性燃料电池。随着对新型膜和催化剂的不断研究，已研制出了具有高功率密度的膜，这就为质子交换膜燃料电池走向实用化奠定了坚实的基础。相对于其他类型的燃料电池，质子交换膜燃料电池运行温度低，起动迅速，更成为车用动力源的首选燃料电池。

从历史上看，燃料电池技术的发展未能竞争过快速发展的燃烧发电技术，是因为燃料电池发展过程中相应的结构材料的发展是分阶段、时断时续进行的，未能使人们清楚地认识到对燃料电池的需求。目前，燃料电池必须解决的问题是提高电池寿命，降低电池的制造成本。

燃料电池将成为未来的最佳车用能源，这一观点已被广泛认同。虽然燃料电池可以采用多种燃料，甚至是内燃机用的所有燃料，但是真正起电化学反应的，仅仅是其中的氢和氧化剂中的氧，因此，氢燃料电池在氢燃料制取、储存及携带等方面，以及非氢燃料电池的重整系统的效率、体积、质量大小及反应速度等方面的技术还需进一步提高。目前常用的六种燃料电池的主要特征参数如表 3 – 6 所示。

表 3 – 6　六种燃料电池的主要特征参数比较

特征 ＼ 类型	质子交换膜燃料电池	碱性燃料电池	磷酸燃料电池	熔融碳酸盐燃料电池	固体氧化物燃料电池	直接甲醛燃料电池
燃料	H_2	H_2	H_2	CO, H_2	CO, H_2	CH_3OH
电解质	固态高分子膜	碱溶液	液态磷酸	熔融碳酸锂	固体二氧化锆	固态高分子膜
工作温度/℃	≈80	60 ~ 120	170 ~ 210	60 ~ 650	≈1 000	≈80
氧化剂	空气或氧	纯氧	空气	空气	空气	空气或氧
电极材料	C	C	C	Ni – M	Ni – YSZ	C
催化剂	Pt	Pt, Ni	Pt	Ni	Ni	Pt
腐蚀性	中	中	强	强	无	中
寿命/h	100 000	10 000	15 000	13 000	7 000	100 000
特征	比功率高，运行灵活，无腐蚀性	功率高，对 CO_2 敏感，有腐蚀性	效率较低，有腐蚀性	效率高，控制复杂，有腐蚀性	效率高，运行温度高，有腐蚀性	比功率高，运行灵活，无腐蚀性
效率/%	>60	60 ~ 70	40 ~ 50	>60	>60	>60
起动时间	几分钟	几分钟	2 ~ 4 h	>10 h	>10 h	几分钟
主要应用领域	航天、军事、汽车、固定式用途	航天、军事	大客车、中小电厂、固定式用途	大型电厂	大型电厂、热站、固定式用途	航天、军事、汽车、固定式用途

目前，车用燃料电池急需解决以下关键问题：

（1）提高车用燃料电池单位质量（或体积）、电流密度及功率，提高车辆所必需的快速起动和动力响应能力。

（2）必须开发质量小，体积更小，能储存更多氢能的车载氢储存器，以便更有效地利用燃料能量，提高续驶里程和载重量。

（3）必须解决好氢气的安全问题，在一定的条件下，氢气比汽油具有更大的危险性，所以无论采用什么储存方式，储存器及其安全措施都必须满足使用要求。

（4）电池组件必须采用积木化设计，开发有效的制造工艺，并进行高效的自动化生产，从而降低材料和制造费用。

（5）发展结构紧凑及性能可靠的质子交换膜燃料电池的同时开发应用其他燃料，像甲烷、柴油等驱动的质子交换膜燃料电池，这会拓宽质子交换膜燃料电池的应用范围。

3.4.2 燃料电池的分类及特点

1. 燃料电池的分类

（1）按燃料电池的运行机理分类，可分为酸性燃料电池和碱性燃料电池，如磷酸燃料电池（PAFC）和液态氢氧化钾燃料电池（LPHFC）。

（2）根据燃料电池中使用电解质种类的不同，可分为以下 9 类：质子交换膜燃料电池（PEMFC）、碱性燃料电池（AFC）、磷酸燃料电池（PAFC）、熔融碳酸盐燃料电池（MCFC）、固体氧化物燃料电池（SOFC）、直接甲醇燃料电池（DMFC）、再生型燃料电池（RFC）、锌空燃料电池（ZAFC）、质子陶瓷燃料电池（PCFC）。

在燃料电池中，磷酸燃料电池、质子交换膜燃料电池可以冷起动和快起动，可以用作移动电源，适应燃料电池电动汽车（FCEV）使用的要求，更加具有竞争力。

（3）根据燃料电池的燃料使用类型不同，可分为直接型燃料电池、间接型燃料电池、再生型燃料电池 3 类。

（4）根据燃料电池使用燃料的种类，可分为氢燃料电池、甲醇燃料电池、乙醇燃料电池 3 类。

2. 燃料电池的特点

1）燃料电池的优点

燃料电池与蓄电池相比，具有以下优点：

（1）节能、转换效率高。燃料电池在额定功率下的效率可以达到 60%，而在部分功率输出条件下运转效率可以达到 70%，在过载功率输出条件下运转效率可以达到 50%～55%。高效率随功率变化的范围很宽，在低功率下运转效率高，特别适合于汽车动力性能的要求。燃料电池短时间的过载能力，可以达到额定功率的 200%，非常适合汽车在加速和爬坡时动力性能的特征。

（2）排放基本达到零污染。用碳氢化合物作为燃料的燃料电池主要生成物质为水、二氧化碳和一氧化碳等，属于"超低污染"，氢氧燃料电池的反应产物只有清洁的水。

（3）无振动和噪声，寿命长。这主要与它的工作过程有关，它是通过燃料和氧化剂分别在两个电极上发生反应，由电解液和外电路构成回路，将反应中的化学能直接转化为电能，所以在整个工作过程中，没有噪声和机械振动的产生，从而减少机械器件的磨损，延长了使用寿命。

（4）结构简单，运行平稳。燃料电池的能量转换是在静态下完成的，结构比较简单，构件的加工精度要求低。特别是质子交换膜燃料电池能量转换效率高，能够在 −80 ℃的低温条件下起动和运转，对结构件的耐热性能要求也不高。由于无机械振动，运行时比较平稳。

2）燃料电池的缺点

（1）燃料种类单一。目前，不论是液态氢、气态氢，还是碳水化合物经过重整后转换的氢，它们均是燃料电池的唯一燃料。氢气的产生、储存、保管、运输、灌装或重整都比较复杂，对安全性要求很高。

（2）要求高质量的密封。燃料电池的单体电池所能产生的电压约为 1 V，不同种类的燃料电池的单体电池所能产生的电压略有不同。通常将多个单体电池按使用电压和电流的要求组合成为燃料电池发动机组，在组合时，单体电池间的电极连接时，必须有严格的密封，因为密封不良的燃料电池，氢气会泄漏到燃料电池的外面，降低氢的利用率并严重影响燃料电池发动机的效率，还可能引起氢气燃烧事故。由于要求严格的密封，燃料电池发动机的制造工艺很复杂，并给使用和维护带来很多困难。

（3）价格高。制造成本高，电池价格昂贵。

（4）需要配备辅助电池系统。燃料电池可以持续发电，但不能充电和回收燃料电池汽车再生制动的反馈能量。通常在燃料电池汽车上还要增加辅助电池，来储存燃料电池富裕的电能和在燃料电池汽车减速时接受再生制动时的能量。

3.4.3　燃料电池的结构和工作原理

燃料电池是一种发电装置，但不像一般非充电电池一样用完就丢弃，也不像充电电池一样用完必须继续充电，燃料电池正如其名，是继续添加燃料以维持其电力，所需的燃料是"氢"，其之所以被归类为新能源，原因就在此。燃料电池在原理和结构上与普通电池完全不同。燃料电池的活性物质存储在电池外，只要不断地供给燃料和氧化物就一直能发电，因而容量是无限的。而普通电池的容量是有限的，活性物质一旦消耗完，电池的寿命也就终止了。

燃料电池是一个复杂的系统，由燃料和氧化剂供给系统、水管理系统、热管理系统以及控制系统等几个系统组成。

燃料电池含有阴阳两个电极，分别充满电解液，而两个电极间则由具有渗透性的薄膜所构成。氢气由阳极进入供给燃料，氧气（或空气）由阴极进入电池，如图 3 − 32 所示。

电池经由催化剂的作用，阳极的氢原子分解成氢质子（proton）与电子（electron），其中质子进入电解液中，被氧"吸引"到薄膜的另一边，电子经由外电路形成电流后，到达阴极。在阴极催化剂的作用下，氢质子、氧及电子发生反应形成水分子，这正是水的电解反应的逆过程，因此水是燃料电池唯一的排放物。利用这个原理，燃料电池便可在工作时源源不断地向外部输电，就是一种"发电机"。

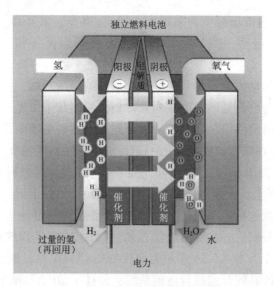

图 3-32 燃料电池的工作原理

燃料电池的阴阳极反应式如下：

阳极：
$$H_2 \longrightarrow 2H^+ + 2e^-$$

阴极：
$$2H^+ + 2e^- + \frac{1}{2}O_2 \longrightarrow H_2O$$

总反应式为
$$2H_2 + O_2 = 2H_2O$$

伴随着电池反应，电池向外输出电能。只要保持氢气和氧气的供给，该燃料电池就会连续不断地产生电能。

3.4.4 燃料电池的应用

燃料电池有广泛的应用，主流应用包括交通运输、电源及军事应用等。固定电源如为城市工业区、商业区、住宅、边远地区及孤立海岛、轮船离岸应用供电市场目前占比最大；备用电源是美国发展最快的应用之一，这里燃料电池用于大型通信设备、数据中心和家庭的备用电源；航空航天应用是历史最悠久的燃料电池应用之一，用作宇宙飞船、人造卫星、空间站等航天系统的能源供应。

燃料电池有三大类主要市场：固定电源、交通运输和便携式电源。

（1）固定电源应用是目前燃料电池最大的市场，固定电源市场包括所有的在固定位置运行的作为主电源、备用电源或者热电联产（CHP）的燃料电池，如分布式发电及余热供热等。固定燃料电池被用于商业、工业及住宅主要和备份能源发电，它还可以作为动力源安装在偏远位置，如航天器、远端气象站、大型公园及游乐园、通信中心、农村及偏远地带，对于一些科学研究站和某些军事应用非常重要。固定电源应用在燃料电池主流应用中占比最大，其中美国市场目前渗透率略高，大型企业的数据中心使用量呈较明显的上升趋势。

除用于发电之外，热电联产燃料电池系统还可以同时为工业或家庭供电和供热。

（2）交通运输应用是目前关注度最高的燃料电池应用领域。

近年来，在政府扶持、丰田等厂商拉动、系统成本下降等因素带动下，汽车燃料电池应用开始爆发。交通运输市场包括为乘用车、巴士/客车、叉车以及其他以燃料电池作为动力的车辆提供的燃料电池，例如特种车辆、物料搬运设备和越野车辆的辅助供电装置等。

汽车用燃料电池作为动力系统是目前关注度最高的应用领域，发展较迅猛。

目前多家汽车供应商已将氢燃料电池列入计划，通用和丰田等多家车企巨头各自与合作伙伴签订合作开发燃料电池协议，计划未来数年内推出燃料电池车并投入使用。

日本丰田于 2011 年在东京车展上推出了 FCV - R 氢燃料电池概念车，2014 年丰田公司在 CES 消费性电子展上推出 FCV（fuel cell vehicle）Concept 氢燃料电池的概念车款，并于 2014 年 11 月的洛矶车展上，首度展演其量产版本 Mirai，另外丰田公司与宝马签署协议在四个领域进行合作，其中就包括于 2020 年争取推广及普及燃料电池车。除了丰田，通用汽车和本田汽车宣布将联合开发下一代燃料电池技术，以便 2020 年投放到市场。韩国现代汽车已经率先投产燃料电池车，图 3 - 33 所示为现代 ix35 燃料电池试验车；2013 年 1 月，戴勒姆、福特与雷诺签订协议共同开发燃料电池系统，预计于 2017 年推出第一款燃料电池新车；2013 年 3 月大众与 Ballard 也签订合作协议，并于 2013 年 8 月开始对奥迪 A7 燃料电池汽车进行测试。

图 3 - 33　现代 ix35 燃料电池试验车

我国从 2001 年就确立了"863 计划电动汽车重大专项"项目，确定三纵三横战略，以纯电动汽车、混合动力电动汽车和燃料电池汽车为三纵，以多能源动力总成控制、驱动电机和动力蓄电池为三横。近年来，由于锂动力电池汽车补贴较高及比亚迪等一批纯电动汽车厂成功走出来，国内以锂电池作为汽车动力应用的厂商数量剧增，相比其他国家，我国在燃料电池领域的扶持力度还不够大，但在燃料电池领域的规划纲要和战略定调已经出现苗头。

2015 年《中国制造 2025》规划纲要出台，其中包括未来国家将继续支持燃料电池汽车的发展。对燃料电池汽车的发展战略，提出三个发展阶段：第一是在关键材料零部件方面逐步实现国产化；第二是燃料电池和电堆整车性能逐步提升；第三是要实现燃料电池汽车的运行规模进一步扩大，达到 1 000 辆的运行规模，到 2025 年，制氢、加氢等配套基础设施基本完善，燃料电池汽车实现区域小规模运行。

以燃料电池为动力的叉车是燃料电池在工业应用内最大的部门之一。用于材料搬运的大多数燃料电池车是质子交换膜燃料电池提供动力，但也有一些直接甲醇燃料叉车进入市场。目前正在运营的燃料电池车队有大量的公司，包括联邦快递货运、西斯科食品、GENCO、H - E - B 杂货店等。

3.5 用作动力源的其他电池

3.5.1 锌空气电池

金属空气电池是用金属燃料代替氢能源而形成的一种新概念电池，有望成为新一代绿色能源。它具备燃料电池的众多优点，将锌、铝等金属像氢气一样置于电池中的反应位置，与氧气一起构成一个连续的电能产生装置，并具有无毒、无污染、放电电压平稳、比能量高、内阻小、储存寿命长、价格相对较低、工艺技术要求较低、比功率高等优点，既有丰富的廉价资源，又可再生利用，而且比氢燃料电池结构简单，是很有发展和应用前景的新能源。

锌空气电池是以空气中的氧气为正极活性物质，金属锌为负极活性物质，氢氧化钾溶液作为电解液的一种新型化学电源。锌空气电池是一种半蓄电池半燃料电池的电池。首先，负极活性物质与锌锰、铅酸等蓄电池一样被封装在电池内部，具有蓄电池的特点；其次，正极活性物质来自电池外部的空气中所含的氧，理论上有无限容量，是燃料电池的典型特征。

1. 锌空气电池的工作原理

锌空气电池可以表达为

$$(-)Zn \mid KOH \mid O_2(空气)(+)$$

锌空气电池放电时阳极和阴极发生的电化学反应为

$$Zn + 4OH^- \longrightarrow Zn(OH)_4^{2-} + 2e^-$$
$$Zn(OH)_4^{2-} \longrightarrow ZnO + 2OH^- + H_2O$$
$$O_2 + 2H_2O + 4e^- \longrightarrow 4OH^-$$

总的电化学反应为

$$2Zn + O_2 \longrightarrow 2ZnO$$

2. 锌空气电池的优点

（1）比能量高。由于正极活性物质来自电池的外部，无须占用电池的空间，在相同体积、质量的情况下，锌空气电池内可以装入更多的负极活性物质，使得锌空气电池比普通电池的容量高出很多，其理论比能量达到 $1\,350\ W \cdot h/kg$ 以上，实际比能量在 $1\,000\ W \cdot h/kg$ 以上，属于大容量高能化学电源。

（2）价格低廉。阳极活性物质锌来源丰富，价格便宜。阴极活性物质氧气来源于周围空气，基本等同于现在普通使用的铅酸蓄电池。

（3）性能稳定，放电平稳。因放电时阴极催化剂本身不起变化，加之锌电极电压稳定，故放电时电压变化很小。

（4）储存特性极佳。锌空气电池实际上属于储备型电池，因为在储存过程中均采用密封措施，将电池的空气孔与外界空气隔离，因而电池的容量损失极小，每年小于 2%。

（5）安全可靠，无污染。从生产到使用，从新产品到废品回收，都不会污染环境，更不会燃烧爆炸，堪称绿色能源。

但是由于锌空气电池采用多空气体电极，而且阴极活性物质氧气来源于周围空气，电极工作时暴露于空气中，电池的这一固有特点，对电池的使用寿命产生很大的危害。

3. 锌空气电池的缺点

（1）电解液存在水分的蒸发或吸潮问题。由于空气电极暴露于空气中，必然会发生电解液水分的蒸发和吸潮问题，这将改变电解液的性能，从而使电池性能下降。

（2）锌电极的直接氧化。由于空气电极中的氧直接进入电池溶于电解液，在反应过程中形成 H_2O，如果形成的 H_2O 未分解，会在空气电极周围积累，使空气电极电位负移，锌电极直接氧化，从而锌电极出现钝化，降低了锌电极的活性。

（3）锌枝晶的生长。锌电极本身的自放电反应会使锌腐蚀产生锌枝晶，当锌枝晶生长到一定程度，它就会刺穿电池隔膜，使电池发生短路，降低电池性能。

（4）电解液碳酸化。在空气中的氧进入电池的同时，空气中的二氧化碳也进入电池，溶于电解液中，使得电解液碳酸化，导致电解液的导电性能下降，电池内阻增大；同时碳酸盐在正极上的析出使正极的性能下降，不仅影响了电池的放电性能，而且使电池的使用寿命受到很大影响。

（5）空气电极催化剂活性偏低。选择空气电极的催化剂，改善空气电极的极化特征，提高电池的工作电压及开路电压，是非常重要的。过去空气电极采用铂、锗、银等贵金属作催化剂，催化效果比较好，但是这使得电池的成本很高，电池很难商品化。后来采用别的催化剂，如炭黑、石墨与二氧化锰的混合物，锌空气电池的成本降低了，但是催化剂活性偏低，影响电池的充、放电电流密度。

此外，锌空气电池还有工作温度范围不宽、间歇放电性能差、容易漏液爬碱、电池及其附属设施的结构复杂且电池的抗振性能较差等问题，都是锌空气电池大量应用的障碍，因此，发展锌空气电池，需要排除这些不利因素。

4. 锌空气电池的应用

锌空气电池的电压为 1.4 V 左右，放电电流受活性炭电极吸附氧及扩散速度的制约。每一型号的电池有其最佳使用电流值，超过极限值时活性炭电极会迅速劣化。电池的电荷量一般比同体积的锌锰电池高 3 倍以上。大型锌空气电池的电荷量一般在 500 ~ 2 000 A·h，主要用于铁路和航海灯标装置上。纽扣形锌空气电池的电荷量在 200 ~ 400 mA·h，已广泛用于助听器中。

3.5.2 超级电容器

超级电容器是一种具有超级储电能力、可提供强大脉冲功率的物理二次电源，它是介于蓄电池和传统静电电容器之间的一种新型储能装置。超级电容器主要是利用电极/电解质界面电荷分离所形成的双电层，或借助电极表面快速的氧化还原反应所产生的法拉第准电容来实现电荷和能量的储存。超级电容器又称双电层电容器、黄金电容、法拉第电容。它是一种电化学元件，在电极与电解液接触面间具有极高的比电容和非常大的接触表面积，但其储能的过程并不发生化学反应，并且这种储能过程是可逆的，因此超级电容器可反复充放电数十万次。

1. 超级电容器的结构

超级电容器单体主要由电极、电解质、集电极、隔离膜连线极柱、密封材料和排气阀等组成。电极一般有碳电极材料、金属氧化物及其水合物电极材料、导电聚合物电极材料，要求电极内阻小、电导率高、表面积大、尽量薄；电解质需有较高的导电性（内阻小）和足够的电化学稳定性（提高单体电压），电解质材料分为有机类和无机类，或分为液态类和固态类；集电极选用导电性能良好的金属和石墨等来充当，如泡沫镍、镍网（箔）、铝箔、钛网（箔）以及碳纤维等；隔离膜防止超级电容器相邻两电极短路，保证接触电阻较小，尽量薄，通常使用多孔隔膜。有机电解质通常使用聚合物或纸作为隔膜，水溶液电解质可采用玻璃纤维或陶瓷隔膜。电动汽车用超级电容器实物如图3－34所示。

图3－34　电动汽车用超级电容器实物

电极的材料、制造技术、电解质的组成和隔离膜质量对超级电容器的性能有较大影响。在电动汽车上广泛使用的主要是碳电极超级电容。

2. 超级电容器的分类

超级电容器可以按不同的方式进行分类。

（1）按照储能原理分类，可分为因电荷分离而产生的双电层电容器，欠电位沉积或吸附电容而产生的法拉第准电容器，还有双电层与准电容混合型电容器。

（2）按照结构形式分类，两电极组成相同且电极反应相同，但反应方向相反，称为对称型；两电极组成不同或反应不同，称为非对称型。

（3）按照电极材料分类，可分为以活性炭粉末、活性炭纤维、碳气凝胶、纳米碳管、网络结构活性炭为电极材料的超级电容器；以贵金属二氧化钌、氧化镍、氧化锰为电极材料的超级电容器；以聚泌咯、聚苯胺、聚对苯等聚合有机物为电极的超级电容器。

（4）按照电解液不同分类，可分为水溶液体系超级电容器，这种电容器电导率高、成本低、分解电压低（1.2 V）；有机体系超级电容器，这种电容器电导率低、成本高、分解电压高（3.5 V）；固体物电解质超级电容器，这种电容器可靠性高、电导率低、无泄漏、比能量高及薄型化。

3. 超级电容器的特点

1）超级电容器的优点

（1）高功率密度。超级电容器的内阻小，输出功率密度高，是一般蓄电池的数十倍。

（2）循环寿命长。具有至少十万次充电寿命，没有"记忆效应"。

（3）充电速度快。可以用大电流给超级电容器充电，充电10 s～10 min可达到其额定容量的95%以上。

（4）工作温度范围宽。能在－40～60 ℃的环境温度中正常工作。

（5）简单方便。充放电线路简单，无须充电电池那样的充电电路，安全系数高，长期使用免维护；检测方便，剩余电量可直接读出。

（6）绿色环保。超级电容器在生产过程中不使用重金属和其他有害化学物质，因而在生产、使用、储存以及拆解过程均没有污染，是一种新型的绿色环保电源。

2）超级电容器自身存在的缺点

（1）线性放电。超级电容器线性放电的特性使它无法完全放电。

（2）低能量密度。目前超级电容器可储存的能量比化学电源少得多。

（3）低电压。超级电容器单体电压低，需要多个电容串联才能提升整体电压。

（4）高自放电率。它的自放电速率比化学电源要高。

4. 超级电容器在汽车上的应用

随着社会经济的发展，人们对于绿色能源和生态环境越来越关注，超级电容器作为一种新型的储能器件，因为其无可替代的优越性，越来越受到人们的重视。在一些需要高功率、高效率解决方案的设计中，人们已开始采用超级电容器来取代传统的电池。据有关数据统计，2014 年全球超级电容器市场规模就达到 143 亿美元，预计未来五年的年复合增长率有望达到 21.3%。

目前超级电容器被广泛应用到新能源汽车中，用作起动、制动、爬坡时的辅助动力。汽车频繁起动、爬坡和制动造成其功率需求曲线变化很大，在城市路况下更是如此。超级电容器的充电快、耐充电、能量转换效率高，同时存在高自放电率的特性，更适合混合动力电动汽车。目前混合动力技术的电池部分，其实也存在着类似的问题。即便像 Prius 这样的"高手"，其吸收制动能量的比例仍然是很低的，大量的能量还是被转换成热能白白丧失掉。而像阿特兹这种，由于回收的能量只是提供电气系统所用，其回收率同样很低。如果混合动力车型采用更大容量的超级电容器来实现对制动能量的回收，其节能效果将非常可观。与此同时，买车者也不必为昂贵的电池寿命忧虑。本田 FCX 燃料电池汽车即使用超级电容器的一个实例。超级电容器仅在起动的瞬间扮演汽车驱动系统主要动力源的角色，而在其他条件下充当的是辅助动力源的角色。

3.5.3 飞轮电池

飞轮电池是 20 世纪 90 年代才提出的新概念电池，它突破了化学电池的局限，用物理方法实现储能。

1. 飞轮电池的结构与原理

飞轮电池系统由飞轮、电动机、发电机和输入/输出电子装置共同组成，如图 3 – 35 所示。

图 3 – 35　飞轮电池组成示意

飞轮电池通过输入/输出电子装置与外部大功率的电气系统相连，外部系统所传输的能量经由电动机通过提升飞轮的转速将电能转化为机械能储存。当需要向负载输出功率时，飞轮通过发电机将机械能转化为电能，同时飞轮转速相应降低。由于飞轮电池系统的能量转换是单线程的，即不可能同时输入、输出能量，为了降低电池系统质量和制造成本，通常将电动机/发电机以及输入/输出电子装置集成在一起。

飞轮储能的关键在于降低机械能的损失，这部分能量的损失主要由空气摩擦阻力和旋转摩擦阻力两部分组成。根据降低空气摩擦阻力方式的不同，可以将飞轮电池分为低速飞轮电池和高速飞轮电池。其中低速飞轮电池通过增加飞轮质量来降低空气摩擦所带来的影响，而高速飞轮电池则通过降低飞轮工作环境的空气压力来降低空气摩擦阻力。此类电池的飞轮受益于新型高强度复合材料的使用而具有质量小和转速高的特点，其理想工作环境为真空环境，由于技术限制，通常只是将空气摩擦阻力降低至可以接受的程度。为了减小高速旋转时所产生的旋转摩擦阻力，飞轮电池系统通常通过两个磁浮轴承的非接触式支承被固定在真空空间内。而高速飞轮电池体积小，适合车载使用。

　　飞轮电池的结构如图3－36所示，它主要由飞轮、轴、轴承、电动机、真空容器和电力电子变换器等部件组成。飞轮是整个电池装置的核心部件，它直接决定了整个装置的储能多少。电力电子变换器通常是由场效应晶体管和绝缘栅极场效应晶体管组成的双向逆变器，它们决定了飞轮装置能量输入/输出量的大小。

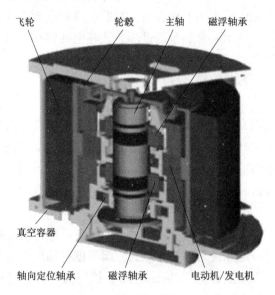

图3－36　飞轮电池结构

2. 电池性能的比较

　　现在广泛使用的储能电池是基于电化学原理的化学电池，它将电能转变为化学能储存，再转化为电能输出，主要优点是价格低廉，技术成熟，但存在污染严重、效率低下、充电时间长、用电时间短、使用过程中电能不易控制等缺点。

　　另一种储能电池是超导电池，它把电能转化为磁能储存在超导线圈的磁场中，由于超导状态下线圈没有电阻，所以能量损耗非常小，效率也高，对环境污染也小。但由于超导状态只有线圈处于极低温度下才能实现，维持线圈处于超导状态所需的低温需耗费大量能量，而且维持装置过大，不易小型化，民用的市场前景并不看好。

　　飞轮电池则兼顾了两者的优点，虽然近阶段的价格较高，但伴随着技术的进步，必将有一个非常广阔的前景。

3. 飞轮电池在汽车上的应用

　　由于技术和材料价格的限制，飞轮电池的价格相对较高，在小型场合还无法体现其优势。但在一些需大型储能装置的场合，使用化学电池的价格也非常昂贵，飞轮电池已得到逐步应用。

飞轮电池充电快，放电完全，非常适合应用于混合能量驱动的车辆中。车辆在正常行驶和制动时给飞轮电池充电，飞轮电池则在加速或爬坡时给车辆提供动力，保证车辆在平稳、性能最优的状态下运行，可减少燃料消耗、空气和噪声污染及发动机的维护，延长发动机的寿命。美国 TEXAS 大学已研制出汽车用飞轮电池，电池在车辆需要时，可提供 150 kW 的能量，能使满载车辆加速到 100 km/h。

美国国防部预测未来的战斗车辆在通信、武器和防护系统等方面都广泛需要电能，飞轮电池由于其具有快速的充放电，独立而稳定的能量输出，质量小，能使车辆工作处于最优状态，减少车辆的噪声，提高车辆的加速性能等优点，已成为美国军方首要考虑的储能装置。

作为一种新兴的储能方式，飞轮电池所拥有的传统化学电池无法比拟的优点已被人们广泛认同，它非常符合未来储能技术的发展方向。目前，飞轮电池正在向小型化、低廉化的方向发展。可以预见，伴随着技术和材料学的进步，飞轮电池将在未来的各行各业中发挥重要的作用。

3.5.4 太阳能电池

太阳能电池是利用太阳光和材料相互作用直接产生电能的，是对环境无污染的可再生能源。它的应用可以解决人类社会发展在能源需求方面的问题。太阳能是一种储量极其丰富的洁净能源，太阳每年向地面输送的能量高达 3×10^{24} J，相当于世界年耗能量的 1.5 万倍。因此太阳能电池作为人们可持续利用的太阳能资源，是解决世界范围内的能源危机和环境问题的一条重要途径。

太阳能电池又称为"太阳能芯片"或"光电池"，是一种利用太阳光直接发电的光电半导体薄片。它只要被满足一定照度条件的光照到，瞬间就可输出电压及在有回路的情况下产生电流。在物理学上称为太阳能光伏（Photovoltaic，缩写为 PV），简称光伏，它是通过光电效应或者光化学效应直接把光能转化成电能的装置。

1. 太阳能电池的分类

（1）按不同材料分类。太阳能电池按照材料不同，主要有硅系列太阳能电池和化合物系列太阳能电池。硅系列太阳能电池是以硅材料为基体的太阳能电池，分为单晶硅太阳能电池、多晶硅薄膜太阳能电池和非晶硅薄膜太阳能电池等；化合物系列太阳能电池，主要是指多元化合物薄膜太阳能，它的电池材料为无机盐，其主要包括砷化稼、硫化镉、碲化镉及铜铟硒薄膜电池等。

（2）按结构分类。太阳能电池按照结构不同，可以分为同质结电池、异质结电池、肖特基结电池、光电化学电池等。

同质结电池，是指由同一种半导体材料构成一个或多个 PN 结的电池，如硅太阳能电池、砷化镓太阳能电池等。异质结电池，指用两种不同的半导体材料，在相接的界面上构成一个异质结的太阳能电池，如氧化铟锡/硅电池、硫化亚铜/硫化镉电池等。如果两种异质材料晶格结构相近，界面处的晶格匹配较好，则称为异质面电池，如砷化铝镓/砷化镓电池。肖特基结电池，是用金属和半导体接触组成一个"肖特基势垒"的电池，也称 MS 电池。目前已发展成金属 – 氧化物 – 半导体电池（MOS）和金属 – 绝缘体 – 半导体电池（MIS），这

些又总称为导体 – 绝缘体 – 半导体电池。光电化学电池，其是用浸于电解质中的半导体电极构成的电池，又称为液结电池。

2. 太阳能电池的发电原理

太阳能电池的发电原理是基于半导体的光生伏特效应将太阳辐射能直接转换为电能。在晶体中电子的数目总是与核电荷数一致，所以 P 型硅和 N 型硅是电中性的。如果将 P 型硅或 N 型硅放在阳光下照射，光的能量通过电子从化学键中被释放，由此产生电子 – 空穴对，但在很短的时间内（在微秒范围内）电子又被捕获，即电子和空穴"复合"。

当 P 型材料和 N 型材料相接，将在晶体中 P 型和 N 型材料之间形成界面，即 PN 结。此时在界面层 N 型材料中的自由电子和 P 型材料中的空穴相对应，由于正负电荷之间的吸引力，在界面层附近 N 型材料中的电子扩散到 P 型材料中，而空穴扩散到 N 型材料中与自由电子复合，这样在界面层周围形成一个无电荷区域。通过界面层周围的电荷交换形成两个带电区，即通过电子到 P 型材料的迁移在 N 型区形成一个正的空间电荷区和在 P 型区形成一个负的空间电荷区。

对不同材料的太阳能电池，尽管光谱响应的范围不同，但光电转换的原理是一致的。如图 3 – 37 所示，在 PN 结的内静电场作用下，N 区的空穴向 P 区运动，而 P 区的电子向 N 区运动，最后造成在太阳能电池受光面（上表面）有大量负电荷（电子）积累，而在电池背光面（下表面）有大量正电荷（空穴）积累。如在电池上、下表面引出金属电极，并用导线连接负载，在负载上就有电流通过。只要太阳光照不断，负载上就一直有电流通过。

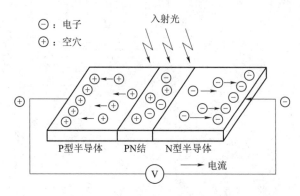

图 3 – 37　硅太阳能电池的发电原理

3. 太阳能电池在汽车上的应用

（1）在国外太阳能电池最早于 1978 年用在汽车上，当时的太阳能汽车速度仅为 13 km/h。之后世界上很多国家对太阳能汽车进行了研究，但主要侧重于赛车领域。2003 年在澳大利亚太阳能汽车比赛上，由荷兰学生制造的"Nuna Ⅱ"太阳能汽车创造了太阳能汽车最高速度 170 km/h 的新世界纪录。目前，太阳能汽车连续驾驶里程最大为 200 km。

（2）在国内，1984 年 9 月，我国首次研制的"太阳号"太阳能汽车在武汉试验成功，共安装了 2 808 块单晶硅片，组成 10 m² 的硅板，有三个车轮，自重 159 kg，车速 20 km/h。1996 年，清华大学研制了"追日号"太阳能汽车，重 800 kg 左右，最高车速达 80 km/h，造价为 7.8 万美元，其采用的电池板是我国第五代产品，太阳能转化率为 14%。2001 年，上海交通大学研制出了"思源号"，最高速度为 50 km/h。中山大学太阳能系统研究所研制了一辆太阳能电动车，外观上与公园的电瓶车类似，可以搭乘 6 名乘客，速度最高只有 48 km/h，持续行驶时间 1 h，造价 5 万元左右。

太阳能汽车虽然在一定时间内还将集中在赛车部分，但小规模的应用已经出现，如高尔夫球场和主题公园等。随着政策引导及人们环保意识的加强，太阳能汽车的发展已成为一种社会共识，从最初的太阳能赛车到现在的太阳能电瓶车，再到现在普通汽车上大批量安装使用的太阳能空调、太阳能风扇、太阳能天窗、太阳能辅助蓄电池等，太阳能电池在汽车上的应用已越来越广泛。

 习题

1. 常用电动汽车动力电池有哪几种？
2. 简述锂离子电池的结构及工作原理。
3. 简述铅酸蓄电池的结构及工作原理。
4. 简述镍氢电池的结构及应用。

第4章
动力电池设计应用

本章学习目标
◆ 了解动力电池一致性的影响因素，掌握其控制措施。
◆ 了解动力电池热管理的功能，掌握其设计步骤。
◆ 理解动力电池性能测试步骤。

❋ 导读

动力电池系统指用来给电动汽车的驱动提供能量的一种能量储存装置，由一个或多个电池包以及电池管理（控制）系统组成。动力电池系统设计要以满足整车的动力要求和其他设计为前提，同时要考虑电池系统自身的内部结构和安全及管理设计等方面。

❋ 4.1 动力电池一致性设计

对于动力电池，一致性是影响其寿命的重要因素。控制好动力电池的原材料、生产过程和出厂检验，可以有效提高电池组的一致性。另外，在驾驶中的合理监控及使用，以及与其他驱动控制系统的最佳搭配也会对电池组一致性的提高有帮助。

4.1.1 一致性的表现形式

一致性是动力电池中的表现形式之一，一致性主要是指同一规格型号的单体电池组成电池组后，其电压、荷电量、容量及其衰退率、内阻及其变化率、寿命、温度影响、自放电率等参数存在一定的差别。

根据使用中动力电池组不一致性扩大的原因和对动力电池组性能的影响方式，可以把动力电池的一致性分为容量一致性、内阻一致性和电压一致性。

1. 容量一致性

动力电池组在出厂前的分选试验可以保证单体电池初始容量一致性较好，在使用过程中可以通过电池单体单独充放电来调整单体电池初始容量，使之差异性较小，所以初始容量不一致不是电动汽车电池成组应用的主要矛盾。在动力电池组实际使用过程中，容量不一致主要是动力电池初始容量不一致和放电电流不一致综合影响的结果。

2. 内阻一致性

动力电池内阻不一致使得电池组中每个单体在放电过程中热损失的能量各不相同，最终会影响电池单体的能量状态。

对于内阻不一致，分为串联和并联两种情况。其中对于串联电池组，在放电过程中，由于串联特性，放电电流相同，然而由于内阻不一致，分压情况有所不同，内阻较大的分压较大，相应的由于内部能量消耗而产生的热量也较大，同时使电池内部的温度升高较快，然而内阻会随着温度的升高而增大，一旦出现散热问题，电池温度将持续升高，会导致电池变形甚至爆炸；在充电过程中，由于内阻不一致，内阻大的电池电压将会提前到达充电的最高电压极限，为保证安全，不得不停止充电，而其余电池还未充满，相反如果还保持充电状态，那么将会存在安全隐患。对于并联电池组，在放电过程中，由于并联特性，各单体的放电电压相同，然而由于内阻不一致，内阻较大的放电电流较小，内阻较小的放电电流较大，致使电池在不同放电倍率下工作，放电倍率的不同会造成各个单体电池的放电深度也不同，这样会对电池的健康状况造成不良影响；在充电过程中，由于内阻不一致，相同的充电电压状态下各个并联支路的电流不同，所以对于相同的充电时间却得不到相同的充电效果，因此为防止过充现象，需要对充电过程采取折中的控制办法。

3. 电压一致性

电压不一致主要体现在并联电池组中，由于电池电压有高有低，所以在并联回路中将产生电流，也就是高电压电池放电，低电压电池充电，因此电压不一致性会使能量损耗在电池互充电过程中而达不到预期的对外输出效果。

动力电池组的一致性是相对的，不一致性是绝对的。动力电池的不一致性在生产阶段就已经产生了，在应用过程中，需要采取一定的措施减缓电池不一致性扩大的趋势或速度。

4.1.2　一致性的影响因素

从理论上讲，单体电池的一致性应从多方面考虑，首先是各相初始性能指标应保持一致，其次是要求单体电池的性能在使用中的衰退率应保持一致。电池的自放电率也应基本保持相同，在电池和电池组的设计、制作技艺组合、管理与维护等方面需要特别注意。影响动力电池一致性的主要因素有以下几个方面。

1. 电池及电池组设计

电池及电池组的设计对电池组的一致性有较大的影响。例如单体电池的装配松紧度、电极填充量、填充密度、电解液添加量等要合理，电极尺寸、电池比例要合理，引流结构需满足使用要求等。电池的性能设计应与使用要求匹配，否则会影响电池组寿命或导致成本增加。

采用一些特殊设计可提高电池在使用过程中的一致性，从而提高电池组的寿命。例如采用共用电池壳体设计可以有效地提高电池组内的一致性，降低由于不一致引起的较快衰减速度；共用安全阀电池体系的优势电池组（块）内各单体电池电解液的贫液程度会逐渐趋于一致，有利于电池内阻和充放电电压的一致，落后电池并未因电池容量低而导致过充、过放时大量损失电解液，也就是说，落后电池和其他电池的内阻和充放电电压逐渐趋于一致，在非共用安全阀电池体系中，电池容量相差20%，随着循环的进行，这种差别会逐渐加大，数次后就由于落后电池的衰减而使电池组性能迅速下降。而在共用壳体设计中，这种差别会逐渐减小。

在电池组设计中，首先要保证在寿命期内电池的机械性能满足使用要求和标准要求，电池组的设计应使各电池受力一致，例如镍氢电池在循环过程中电极会不可避免地发生膨胀，采用泡沫式电极的电池膨胀更明显，电池组在使用过程中尺寸发生变化（圆柱形电池组不存在此问题），电池组中应力的不均匀性使各电池受力不一致，引起各电池内部发生不同的变化（例如电解液过早出现二次分配等），从而严重影响电池组的使用寿命。其次，要尽可能保证电池组中各单体所处的微环境一致。一般各种二次电池电性能随温度的变化都比较明显，充放电过程中会产生热量，这些热量无法尽快散发出去，会使各电池所处环境温度不一致，从而使各电池的衰减不一致，影响电池组的使用寿命。

在电池组的组合设计中，采用串并联连接设计可以比较有效地提高电池的循环寿命，可以实现电池的充电均衡与放电均衡，有效地保护落后电池，电池组放电性能可以实现优化。但若电池组中有电池出现致命性问题（短路、断路），则会造成严重后果，出现较大的内部循环电流，使部分电池严重过充或过放，影响使用，甚至会产生安全问题，故需要设置保护电路。

2. 初期性能的差异

保证电池组的一致性，首先要保证电池组组合初期性能的一致性。初期性能的一致性与电池材料、生产工艺及电池的分选制度有关。电池初期性能存在差异，随着循环的进行，其差异会逐渐增大，将严重影响电池组的寿命。

电池制作需通过多道工序，其电性能、物理参数等均会存在一定的差别，这些差别需通过电池的分选将其分离出来。分选是根据电池的一些特性参数的差异来进行的。最早仅根据电池的容量差异来进行，后来又将电池的放电平台、电池内阻、自放电等作为分选依据。分选方法不同，组合电池的性能会相差很大，例如，根据容量、放电平台、内阻、自放电进行分选组合的电池组的寿命比仅根据容量进行分选的电池组的寿命高出近1倍。分选参数的选择，应根据重要程度挑选最能体现电池差异的参数来进行。按照电池的充放电特性曲线进行分类，是最科学的分类方法，此曲线几乎涵盖了电池的全部特性，表明了电池端电压随时间的变化 $V-t$，电池内阻随时间的变化 $r-t$，电池表面温度随时间的变化 $T-t$，$-\Delta V$ 出现的时间等特性。这些特性是电池容量、内阻、表面温升、充放电平台、$-\Delta V$ 出现的时间、自放电、寿命等指标的集中体现。用特性曲线的一致性进行分选，其组合电池的合格率接近100%，寿命比容量检验方法提高1倍以上。

在无法按照充放电曲线进行分选的条件下，可以根据充放电曲线的特征，取其中一些有代表性的特征数据进行量化分类，例如从曲线上可以取以下特征数据：充电前电压（热搁置后电压），充电电压上升数值（第一转折点）、平台后上升数值（第二转折点）、充电最高电压（第三转折点），充电终止电压，放电电压降（第一转折点）、放电平台，电压转折点的容量、放电总容量、充电能量、放电能量，充放电结束后搁置电压恢复情况等。根据上述特征值，对各参数制定出重要度，根据重要度对其进行排序、分类。充放电曲线与充放电电流有比较大的关系，一般来说，电流越大，各参数的差别越明显。分选电流不应低于实际情况下的应用电流。在可能的情况下，充放电电流应尽可能大一些，因为某些特征在小电流时的差异表现不明显。各参数的重要程度与电池组的应用情况有关，但最重要的参数为容量与内阻。组合中电池容量一定要选择一致，差别不超过 2% 为好。镍氢电池以上述方法分选更为有效。

3. 使用过程中出现的差异

使用过程中出现的差异是由于使用环境条件的差异、原材料的差异，以及电池生产过程中引起的一致性差异引起的。

1）使用环境条件的差异

使用过程中出现的差异主要与电池的组装设计特点及使用中各电池所处环境的差异有关。在电池组中，各单体电池所处环境不可避免地存在差异。如在方形镍氢电池的组装中，中间电池与边上电池的环境温度、电池的受力等均不相同。在镍氢电池组中，尤其是在环境温度较高时，若不采取任何措施，在充足电的情况下，电池组边上的和中心的温度差别达到 10 ℃，储氢合金的腐蚀速度就会提高 1 倍，这样造成中间电池与两边电池的衰退速度不一致，中间电池充电效率下降，放电容量降低，造成使用过程中一致性下降，从而影响电池使用性能和寿命。所以电池组的设计要保证电池组内温度均匀，使各电池的衰减一致。所以大型电池组一般配备有强制冷却系统，有的还配备加热系统，以使电池组保持在常温的条件下使用。

电池组的组合结构应尽量保持各电池之间温度的一致，并且保证电池组在使用过程中不变形等。

2）原材料的差异

电池从原材料投入开始就存在产生差异的种种因素。

（1）安全阀开启压力的差异。泄气阀压力开启不一致，使某些电池过早放气，电池内部出现不平衡，拉大电池之间的差异。目前应用的共用安全阀电池体系可以较好地解决此问题，数只电池共用一个安全阀，各单体电池内部气体可以自由流动，不但使各电池压力保持一致，而且可以降低电池之间的差异，对落后电池进行保护。

（2）物质均匀性差异。一般每种电极都是由多种物质混合组成的，包括活性物质、导电剂、催化剂、黏合剂等，各种材料的密度、颗粒直径等都有较大的差异，必须混合均匀，否则在电池中的含量不一致，在性能初期可能表现不出来，但随着循环次数的增加，会逐渐表现出来并逐渐加大。如镍电极中添加的 Co 或其他化合物分布不均匀，会影响电池的循环性能，而一般在电池分选中这种特性差异可能体现不出来，只有通过循环才能反映出来。添加剂的分布不均匀使电极表面活性物质利用率不同，电极膨胀不同，电解液的分布及后期的分布也出现差异，使电池过早出现差异。

（3）其他零部件的差异。如电池壳厚度的差异将引起电极组装配松紧度的不一致，从而影响循环寿命的不一致。

电池在储存期，由于材质特性、有害杂质、制造工艺缺陷等因素会造成材料分解或变性、正负极基体腐蚀、能量的自耗等。要解决这些问题，需要加强承包方的质量体系控制，选取质量较稳定的厂家，同时加强工艺质量的控制。随着镍氢电池技术的发展，目前国产镍氢电池的材料质量已经有了很大的提高，但大大小小的电池材料厂家有上百家，难免良莠不齐，所以材料的选择依然非常重要。

3）电池生产过程中引起的一致性差异

电池性能差异大多是由生产过程造成的，每一种材料、半成品、生产工艺、生产环境的不一致都会引起电池性能的不一致。目前，镍氢电池电极的生产工艺已经十分成熟，在国家"863"计划中，采用正负极连续卧式拉浆工艺，同时采用先进的极片厚度在线连续测量技术。以 AA 电池为例，正极质量偏差可以控制在 3% 以内，合格率达到 98% 以上；负极质量偏差可以控制在 4% 以内，合格率达到 95% 以上。采用大直径轧膜设备，电极的延展率得到明显改善，电极密度可以提高 10% ~ 15%，电极的均匀性也明显改善。以 AA 电池为例，正极厚度偏差可以控制在 2.5% 以内，负极厚度偏差可以控制在 3.5% 以内。不管是泡沫镍还是钢带拉浆，或者是铜切拉网电极，无论是湿法还是干法，电极的一致性均较好。电池使用过程中出现的不一致，大部分与生产过程有关，如电极各部位填充密度的不一致、电极厚度的不一致、电极表观状态的不一致、电极储存状态的不一致、电池装配松紧度的不一致、注液量的不一致、化成环境的不一致、电池储存环境的不一致等，均会引起电池使用过程中的不一致。装配松紧度不一致，循环不久就会造成对隔膜的压迫不一致，隔膜内电解液含量就会不一致，从而影响电池的内阻及性能，过早出现差异。电池生产过程中应尽量减少杂质的影响，包括原材料中的杂质和生产过程中带来的杂质。在铅蓄电池中，浮充充电电压的一致性问题，除了与使用维护有关外，更主要的是与阀控铅蓄电池的制造质量有关。影响一致性的因素主要有极板的质量误差，极板质量的一致性，量的多少，化成、生产工艺控制，结构影响等。

产生这种差别的原因有两个方面，一是在制造过程中，由于工艺上的问题和材质的不均匀，蓄电池极板活性物质的活化程度和厚度、微孔率、连条、隔板等存在微小的差别，这种蓄电池内部结构和材质上的不完全一致性，就会使同一批电池不可能完全一致；二是蓄电池在装车使用时，由于蓄电池组中各个蓄电池的电解液密度、温度和通风条件、自放电程度等有差别，会在一定程度上增加蓄电池的电压、内阻及荷电量等参数不一致的概率。

4. 电池组的管理与维护对一致性的影响

电池组的使用寿命一般取决于管理和维护。无论对生产进行如何严格的控制，在使用过程中，各种因素的影响不可避免地使电池的性能出现差异，从而影响电池的使用寿命。2003年 7 月 14 日，上海地铁一号线发生停运一小时的重大事故，其主要原因就是蓄电池提前老化，究其本质就是蓄电池的管理和维护方法存在缺陷。如果动力电池组的使用寿命低于单体电池平均寿命的一半以下，可以推断是由使用不当造成的，首要原因当推过充电与过放电导致单体电池提前失效。电池组的寿命应该是各单体电池寿命的最小者。用对单体电池相同的方法测试寿命，电压限值取单体电池电压限值与数量的乘积，实际限制的是单体平均电压，而电压有高有低，过充过放无法避免。

动力电池的寿命、充放电效率、内阻等都要受放电深度、充放电电流大小及具体的汽车行驶工况等诸多因素的影响，而目前国内还局限于电池恒流放电特性或仅考虑放电过程的变流特性的研究。研究考虑诸多影响因素的电池充放电动态特性，以便建立一个符合电池实际使用环境的电池能量管理系统，并为载荷均衡控制装置提供可靠的控制参数，是目前电动车必须解决的问题。一是通过增加温度补偿及均衡充电功能解决电池充电过程中的一致性问题，目前有些充电器厂家已经研究出对整组电池中各单体电池分别监控的智能充电器，从而保证各单体电池既不过充又不欠充；二是通过改进充电方式来提高电池的使用寿命，如脉冲充电、不同情况下的维护充电等。当个别电池容量较低时，即使在正常使用或平均使用条件下，这些电池也会发生过充过放现象，这部分电池容量下降加快，而在进一步使用过程中，电池的过充过放将加剧，容量恶化也更严重，如此恶性循环的结果将影响整组电池的使用。

为了避免出现严重的过充电和过放电现象，目前针对蓄电池组开发了电池均衡管理系统，通过内部线路的调节使各单体电池电压达到一致，这是提高电池组使用寿命最重要的手段之一。电池的均衡包括均衡充电和均衡放电。充电均衡使电池无论处于何种荷电状态，尽可能使电池组按照规定的程序达到合适的充电状态，各单体电池之间的荷电水平达到一致。放电均衡可以通过线路的调节使不同荷电量的电池在放电过程中逐渐达到荷电量一致，这样整组电池的容量不受最低单体电池容量限制，放出的容量/能量可以达到最大化。但仅在各电池实际状态差别不太大的情况下这样的均衡调节才有效，荷电状态相差很大的电池，即使通过均衡调节，也很难达到一致，放电过程中更难实现均衡，一方面成本较高，电路精度要求比较高；另一方面均衡的时间比较长。

5. 电池与驱动系统的匹配

蓄电池与其应用系统的匹配也是影响蓄电池一致性及使用寿命的重要因素。这种匹配包括蓄电池与充电器之间的匹配，蓄电池组与电机的电压匹配，电池输出功率与车辆基本动力及加速度需求的匹配等。任何一方面的匹配出现问题，不仅影响正常的应用，还会使电池的不一致性加大或电池间的差异提前出现，影响电池组的使用寿命。不同种类、不同型号的电池，适应不同的充电方法，镍氢电池适宜采用恒流充电，铅酸蓄电池、锂离子电池充电后期适宜采用恒压充电。即使是相同类型的电池，由于充电环境不同，其充电方法也会有所不同，所以绝对不能滥用充电器，特定的电池应选用特定的充电器。合适的充电方法还可以对电池进行维护，降低循环后期各单体电池之间的差异。

蓄电池组与用电设备的电压和功率之间的匹配，电压相差较大，会使电池出现不能完全放电或经常过放电，从而使电池过早出现失效。蓄电池可提供功率太大，不可避免地会增加电池的生产成本；可提供功率过小，蓄电池经常处于超过其可提供的最大电流放电，电池之间的各种差别会过早出现，电池一致性差异加大，影响电池组的寿命。其他还有蓄电池的储能量与车辆续驶里程的匹配，电池寿命与车辆寿命的匹配等。

4.1.3 一致性的控制措施

电池一致性的控制应从设计、生产、质量控制、应用、维护等多方面考虑。

1. 选材与制造

电池的生产是保证电动汽车电源系统内部电池一致性的根本因素。原材料的选择、配方、制作工艺、化成制度、容检分选制度等均是影响电池生产一致性的因素。电池设计是影响电池正常应用的最大可能因素，例如镍氢电池的化成制度直接影响 CoOOH 导电网络的稳定性，化成不好，电池就不能形成稳定的 CoOOH 网络，电池内部的反应就不均匀，批量一致性就会变差。

电池组制作的关键技术是分选出容量和充放电电压特性一致的单体电池。利用阈值法和面积法结合进行配组，具有原理简单、准确度高等特点，采用单一的容量配组法更可靠。不同电池由于充放电方式不同，充放电曲线也会不同，故在利用蓄电池动态特性配组前，应对充放电方式进行分析。

2. 存储管理措施

电池搁置过程中自放电不一致性直接影响到电池的实际应用，静态搁置电压是电池的重要荷电参数之一，可以作为电池自放电性能的重要判据，进行自放电的分选。通过大量实验表明，该方法十分有效，且简单。为缩短分选周期，进行了大量实验，结果表明，对于镍氢电池，将电池充电到20% SOC后，搁置10~15天，电池静态电压出现明显差异，通过电压与1个月后的荷电保持率综合判断出分选电池的电压基准，并以此来分选电池，可以大大缩短分选周期。

3. 维护措施

即使在单电池技术取得重大突破、性能显著提高的前提下，提高电动汽车性能，特别是增加续驶里程和提高电池组使用寿命的关键就是提高动力电池的成组运用技术，尽可能提高和保证动力电池的一致性。

根据电动汽车动力电池应用经验和实验研究，从电池使用和成组筛选方面可以采用八项措施，避免电池不一致性的扩大，保证电池组寿命逐步趋于单体电池的使用寿命。

（1）提高电池制造工艺水平，保证电池出厂质量尤其是初始电压的一致性。同一批次电池出厂前，以电压、内阻及电池化成数据为标准进行参数相关性分析，筛选相关性良好的电池，以此来保证同批电池性能尽可能一致。

（2）在动力电池成组时，必须保证电池组采用同一规格、型号的电池。

（3）在电池组使用过程中检测单电池参数，尤其是动、静态情况下电压分布情况，掌握电池组中单电池不一致性发展规律，对极端参数电池进行及时调整或更换，以保证电池组参数不一致性不随使用时间而增大。

（4）对测量中容量偏低的电池进行单独维护性充电，使其性能恢复。

（5）间隔一定时间对电池组进行小电流维护性充电，促进电池组自身的均衡和性能恢复。

（6）避免电池过充电，尽量防止电池深放电。

（7）保证电池组良好的使用环境一致性，减小振动，避免水、尘土等污染电池极柱。

（8）配备均衡系统，对电池组充放电进行智能管理。

✸ 4.2　动力电池的热管理系统设计

动力电池作为电动汽车的主要储能形式，其性能的发挥直接制约了电动汽车的动力性、经济性和安全性。对于目前电动汽车广泛采用的锂离子电池，在能量密度、功率密度和使用寿命等方面具有明显优势，但其性能、寿命和安全性均与环境温度密切相关。温度过高，会加快电池副反应的进行和性能的衰减，甚至引发安全事故；温度过低，电池释放的功率和容量会显著降低，甚至引起电池容量不可逆衰减，并埋下安全隐患。因此，动力电池对温度的适应性成为制约其在电动汽车上应用的关键因素之一，同时也使电池热管理技术成为保证电池性能、使用寿命和安全性的关键技术。

4.2.1　热管理系统的必要性

温度的高低对动力电池有诸多影响，具体表现在以下几个方面：

（1）动力电池的温度水平直接影响其使用中的能量与功率性能。温度较低时，电池的可用容量将迅速发生衰减，在过低温度下（如低于 0 ℃）对电池进行充电，则可能引发瞬间的电压过充现象，造成内部析锂并进而引发短路。

（2）动力电池的热相关问题直接影响电池的安全性。生产制造环节的缺陷或使用过程中的不当操作等可能造成电池局部过热，并进而引起连锁放热反应，最终造成冒烟、起火甚至爆炸等严重的热失控事件，威胁到车辆驾乘人员的生命安全。

（3）动力电池的工作或存放温度影响其使用寿命。电池的适宜温度在 10 ~ 30 ℃，过高或过低的温度都将引起电池寿命的较快衰减。动力电池的大型化使得其表面积与体积之比相对减小，电池内部热量不易散出，更可能出现内部温度不均、局部温升过高等问题，从而进一步加速电池衰减，缩短电池寿命，增加维护使用成本。

为了保证动力电池的安全性能和使用寿命，热管理系统的主要功能包括：

（1）在电池温度较高时进行有效散热，防止产生热失控事故。

（2）在电池温度较低时进行预热，提升电池温度，确保低温下的充电、放电性能和安全性。

（3）减小电池组内的温度差异，抑制局部热区的形成，防止高温位置处电池过快衰减而降低电池组整体寿命。

4.2.2 电池热管理系统的设计步骤

1. 确定电池最优工作温度范围

在不同的气候条件和车辆运行工况下，电池的温度会出现很大差异，对电池组进行热管理的最终目的就是使电池工作在最优的温度范围，因此在进行电池热管理系统设计时首先需明确电池最优工作温度范围。

了解电池的温度特性是确定最优工作温度范围的先决条件。电池的温度特性是指电池工作在不同温度下，其内阻、开路电压、SOC、充放电效率的表现情况。电池的温度特性可以通过实验和仿真两种方法获得，如果采用实验测量的方法来确定电池的温度特性，结果精确，反映电池的真实特性，但工作量大，耗时长；如果利用 ADVISOR 等软件仿真，时间短，一定程度上能够反映电池的温度特性。综合温度对内阻、开路电压、SOC 的影响来确定最优工作温度范围，一般而言，电池最优工作温度范围在 25 ~ 40 ℃。

2. 电池温度场计算及温度预测

电池不是热的良导体，仅通过温度传感器测量电池表面温度分布不能充分说明电池内部的热状态。通过数学模型计算电池内部的温度场，可以预测电池内部的热行为，对于设计电池组热管理系统是必备的环节。

动力电池的内部温度场计算可以利用式（4-1）所示的三维数学模型：

$$\rho c_p \frac{\partial T}{\partial t} = k_x \frac{\partial^2 T}{\partial x^2} + k_y \frac{\partial^2 T}{\partial y^2} + k_z \frac{\partial^2 T}{\partial z^2} + q \tag{4-1}$$

式中，T 为温度；ρ 为平均密度；c_p 为电池比热；k_x，k_y，k_z 分别为电池在 x、y、z 三个方向上的热导率；q 为单位体积生热速率。

通过选择专门的量热计可以得到电池的生热速率，而利用有限元的方法可以得出电池在不同方向的热导率。

3. 传热介质的选择

电池热管理系统通常采用的传热介质包括空气、液体以及相变材料等。

空气冷却是最简单的方式，只需让空气流过电池表面。空气冷却方式的优点包括：结构简单，质量相对较小；没有发生漏液的可能；有害气体产生时能有效通风；成本较低。但缺点是其与电池壁面之间换热系数低，冷却、加热速度慢。

液体冷却分为直接接触和非直接接触两种方式。矿物油可作为直接接触传热介质，水或者防冻液可作为典型的非直接接触传热介质。液体冷却必须通过水套等换热设施才能对电池进行冷却，这在一定程度上降低了换热效率。液冷方式的主要优点有与电池壁面之间换热系数高，冷却、加热速度快，体积较小；主要缺点有存在漏液的可能，质量相对较大，维修和保养复杂，需要水套、换热器等部件，结构相对复杂。

相变材料冷却是一种较为新型的冷却方法，相变材料可以直接吸收来自外界的热量，从而对电池冷却降温。相变材料冷却结构简单，效率较高，但成本也较高。

4. 温度传感器的数量和测温点的选择

温度传感器的数量越多，温度测量越全面，但同时也会增加系统成本。考虑到温度传感器在长时间的工作过程中有可能出现故障，故整个系统中温度传感器的数量不能太少。在热管理系统设计时，可以根据具体的需求来调整温度传感器的数量。

电池箱内电池组的温度分布一般是不均匀的，理论上利用有限元分析、实验中利用红外热成像或者实时的多点温度监测的方法可以分析和测量电池组、电池模块和单体电池的温度场分布，决定温度测量点的数目，找出不同区域最佳的温度测量点。同时在电池热管理系统设计时，应保证温度传感器不被冷风吹到，以提高温度测量的准确性和稳定性。

5. 风机功率和加热系统功率的选择

对于以空气作为传热介质的电池热管理系统，风机功率选择是否合理会影响系统的工作效率。可以用实验、理论计算和流体力学的方法，通过估计压降、流量来估计风机的功率消耗。当流动阻力小时，可以考虑选用轴向流动风扇；当流动阻力大时，离心式风扇比较适合。同时也要考虑到风机占用空间的大小和成本的高低。同样，对于加热系统也需要根据相应的需求来选择合适的功率。

6. 电池箱的设计

电池箱的设计对于电池热管理系统是非常重要的，电池箱的设计是否合理会直接影响到电池热管理系统的选型、安装以及工作效率。在电池箱设计之前需充分考虑整车以及其他器件如 BMS 的空间需求，并结合具体的冷却方式、电池数目来综合设计。利用 ANSYS 软件对电池箱的热特性进行仿真分析，根据分析结果改进电池箱的结构设计，同时对于空气冷却还可以利用 FLUENT 软件进行流体力学的分析，确定最佳的风道设计。

4.2.3 冷却方式的性能比较

1. 空气冷却

空气冷却按照冷却方式分为自然对流冷却和强迫空气冷却两种方式，按照电池通风方式分为串行和并行两种冷却方式。自然对流冷却利用汽车行驶时的强烈空气对流来对电池组进行冷却，该方法简单易行。但是为了有效冷却，需要对电池形状或电池封装进行特殊设计，或选用特殊的材料以使电池的散热面积增大。强迫空气冷却利用辅助的或汽车自带的蒸发器提供冷风，通过安装风扇形成强制气流来进行冷却，风扇通常安装在排气通道出口位置，原理如图 4-1 所示。

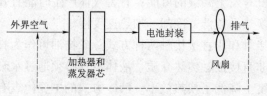

图 4-1　强迫空气冷却方式

串行通风冷却和并行通风冷却两种方式的区别在于通风方式，原理分别如图 4-2、图 4-3 所示。

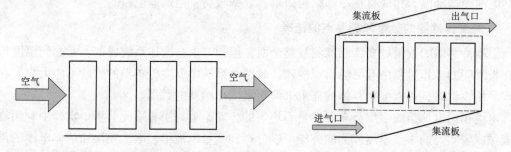

图 4-2　串行通风冷却方式　　　　图 4-3　并行通风冷却方式

串行通风冷却方式的空气从左至右依次流经各单体电池，空气在流动过程中不断被加热，所以右侧冷却效果比左侧差，电池箱内左右两侧电池因冷却效果不同而存在温度差。对于并行通风方式，空气从电池箱下端进入，流经各单体电池间通道后从上端流出，因此单体电池间温度更加均匀。但是并行通风方式需要对电池间通道的间距以及集流板的倾斜角度进行合理的设计，以找出流速均匀性最好的方案。

2. 液体冷却

液体冷却以液体为传热介质，冷却原理如图 4-4 所示。液体冷却利用水或冷却液在水套内的流动带走电池组产生的热量，然后通过散热器对冷却液降温，从而使电池组的温度保持在合理的范围。

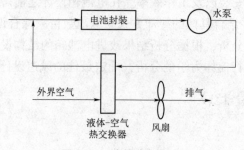

图 4-4　液体冷却方式

液体冷却相比空气冷却，冷却效果更好，同时对外界气温变化适应性更好，但需专门设计水套，安装散热器，对车内空间的要求更高。

3. 相变材料冷却

相变材料冷却系统是在全封闭的模块电池单体间填充相变材料，靠相变材料的熔化凝固潜热来工作，利用制冷剂液体（水、液氨、液体氟利昂等）在低压、低温下的汽化过程或固体在低温下的熔化过程或升华过程，从被冷却的物体吸取汽化潜热、熔化热或升华热，以达到冷却的目的。同时，它可以把放电时发出的热以潜热的形式储存起来，在充电或在很冷的环境下工作时释放出来，是最有效的散热方式之一。

动力电池的热管理系统设计是一个涵盖多个方面的综合设计，不仅与电池管理系统有关，还与整车的机械设计、整车管理科学控制系统设计有关。

✳ 4.3 动力电池的性能测试

动力电池组作为电动汽车的重要组成部分，其性能直接影响着电动汽车的起动、加速、行驶里程等多项性能。对动力电池组进行测试是电动汽车研发的重要环节。动力电池性能测试分为室内测试和道路测试。

4.3.1 室内测试

室内测试主要是在实验室内运用相应的测试设备和仪器对电池的某些性能进行测试，主要包括以下几个测试项目：静态测试，电池的快速充电接受能力测试，3 h 率额定容量测试，大电流放电测试，循环耐久能力测试，冲击、挤压测试，耐振动能力测试以及荷电保持能力测试。

1. 静态测试

静态测试主要针对新电池的外观、极性、外形尺寸及质量。要求电池外壳不得有变形及裂纹，表面应该清洁、干燥、无酸液，且标志清晰、正确。外壳上应标有电池的品牌、规格和型号。测试方法主要是由目测及采用电压表、数字万用表和电子秤等测量工具测量。

2. 电池的快速充电接受能力测试

由于不同厂家的电池使用材料和制造工艺有差异，其快速充电接受能力也有所不同。快速充电接受能力测试关系到电动汽车使用的效果，所以电池的快速充电接受能力是一项必不可少的测试程序。测试方法如下：

（1）完全充电的电池在温度为 (20 ± 5)℃ 的条件下，以 $I_3(A)$ 的电流放电至终止电压为 1.65 V/单体（I_3——电池 3 h 率放电电流，数值等于 $C_{3h}/3(A)$）。

（2）放电结束后以 $6I_3(A)$ 的电流，恒流充电到截止电压，然后转为恒压充电，两阶段充电时间总计为 1 h。

（3）以 $I_3(A)$ 的电流放电至终止电压为 1.65 V/单体，记录放电时间 t。用放电电流 I_3 乘以放电到终止电压的时间 t 即电池快速充电容量 C_k，要求 C_k 应不小于额定容量的 70%。

3. 3 h 率额定容量测试

电池的 3 h 率额定容量是指电池在 (20 ± 5)℃ 环境温度下，以 3 h 率电流放电所能放出最低限度的电量（A·h）。额定容量是检验电池质量的重要指标之一，标志着电池对外供电的能力。通过对电池额定容量的测试可以判断电池容量是否与电池本身的标称容量一致，是否符合国家有关标准，以检验电池的质量是否符合使用要求。测试方法是：

（1）电池完全充电后，在温度为（20±5）℃的环境中静置 5 h。

（2）以 I_3(A) 的电流恒流放电到 1.65 V/单体终止，记录放电时间 t；用放电电流乘以放电到终止电压的时间 t 即电池容量 C_{3h}，要求 C_{3h} 应不低于额定容量的 90%。

4. 大电流放电测试

所谓大电流放电，是指采用 $3I_3$(A) 和 $9I_3$(A) 的电流进行放电，当电压降至一定值时所能持续的时间。测试方法是：

（1）完全充电后的电池在温度为（20±5）℃的环境中静置 5 h。

（2）以 $3I_3$(A) 的电流恒流放电到 1.50 V/单体终止，记录放电时间 t，要求放电时间 t 应不少于 40 min。

（3）将电池完全充电，然后在温度为（20±5）℃的环境中静置 5 h。

（4）以 $9I_3$(A) 的电流恒流放电 3 min，测量电压，电压应不低于 1.40 V/单体。

5. 循环耐久能力测试

循环耐久能力是指电池容量降低到一定值时所完成的充放电循环次数。次数越多说明电池的耐久能力越好，将来装备到汽车上所使用的年限也越长。循环耐久能力实际代表的是电池的使用寿命。其测试方法为：

（1）电池完全充电后，以 $1.5I_3$(A) 的电流放电 1.6 h。

（2）以恒压 2.4 V/单体、限流 $1.5I_3$(A) 充电 4 h，此为一次循环。

（3）重复以上测试过程，直至电池容量降至额定值的 80%，要求当电池容量降至额定值的 80% 时，循环次数应不少于 400 次。

6. 冲击、挤压测试

冲击、挤压测试主要是电池在汽车行驶的过程中，由于汽车急加减速、急刹车或者车辆碰撞引起电池撞击电池托架而导致电池变形的测试。测试方法是：

（1）将被试电池放置在电池挤压测试台的两个钢板平面之间挤压，通过台钳或活塞液压臂施加约 13 kN 的挤压力，一旦达到最大压力，立即解除挤压。

（2）将电池放置在电池冲击测试台的平面上，电池中部横放一钢棒，一定质量的物体，从电池上方一定高度自由下落，砸在钢棒上，钢棒挤压下面的电池。

测试后观察电池外壳应无破裂，无电解液渗漏现象。

7. 耐振动能力测试

电动汽车在行驶过程中经常处于颠簸状态，电池内部的极板、隔板、电解液等在不断振动的情况下可能发生变形、脱落、疲劳断裂或者泄漏等现象，为了保证汽车在行驶过程的安全性和可靠性，需要对电池的耐振动能力进行测试。测试方法为在环境温度为（20±5）℃，电池完全充电后以正立姿态紧固在振动台上，振动频率为 30~35 Hz，最大振动加速度为 30 m/s^2，持续时间为 2 h。测试后测量电池端电压应无异常，电池应无机械损伤，无电解液渗漏。

8. 荷电保持能力测试

荷电保持能力是指完全充电的电池开路储存后的容量保存性能，测试方法为：

（1）完全充电后的电池在温度为（20±5）℃的环境中静置 5 h。

（2）采用 3 h 率额定容量测试方法对电池进行容量测试，记录额定容量 C_1。

（3）对电池进行完全充电，充电结束后在温度（20±5）℃的环境中开路搁置 28 天。

（4）不经充电，采用 3 h 率额定容量测试方法进行容量测试，记录额定容量 C_2，要求 C_2 应不低于储存前容量 C_1 的 85%。

4.3.2 道路测试

道路测试的主要目的是测试动力电池在实际运行的各种工况下的放电容量、放电特性、电池一致性等方面的性能。放电容量可以通过一次充满电后在一定速度下的续航里程来直接反映；放电特性主要通过端电压衰减率和温升率来反映；电池一致性主要通过电池工作电压变化一致性、内阻变化一致性、容量变化一致性来反映。

端电压衰减率是指每小时电池端电压的衰减量，符号为 η_V，单位为 V/h，其计算公式为

$$\eta_V = \frac{U_2 - U_1}{t_2 - t_1} \tag{4-2}$$

式中，U_1 为 t_1 时刻电池端电压；U_2 为 t_2 时刻电池端电压。

温升率用 η_T 表示，单位为℃/h，其计算公式为

$$\eta_T = \frac{dT}{dt} \tag{4-3}$$

对于多个单体电池串联，电池的一致性评价可归结为对电池工作电压间的一致性评价，可采用电池工作电压差异系数 $\xi(U)$ 作为评价指标。

$$\xi(U) = |\Delta U|/U_n \tag{4-4}$$

式中，ΔU 为相邻的两个单体电池的电压差，单位为 V。

电池工作电压差异越接近零，则电池内阻间的差异就越接近零，电池的一致性就越好。

1. 整车动力性测试

动力性测试的目的就是检验动力电池能否满足车辆设计动力的需要。测试要求：室外温度为（20±5）℃，风速小于 5 m/s；测试场地为直线跑道或环形跑道；路面应干燥、坚硬、平整、干净且要有良好的附着系数。直线跑道的测量区长度至少 1 000 m，加速区应足够长，以便在进入测量区前 200 m 内达到稳定的最高车速；环形跑道的长度应至少 1 000 m，弯道的曲率半径应不小于 200 m，测量区的纵向坡度不超过 0.5%；测试前，动力电池充满电，测试车加载至测试质量，散热器内加注满冷却液。测试方法如下：

1）最高车速测试

（1）起动测试车，在直线跑道或环形跑道上将测试车辆加速，使汽车在驶入测量区之前达到最高稳定车速。

（2）保持最高稳定车速持续行驶 1 000 m（测量区的长度），记录车辆持续行驶 1 000 m 的时间 t_1。

（3）以相反方向行驶做一次相同的测试，记录通过时间 t_2。利用公式 $v = 3\ 600/t$，所求得的两次速度的平均值即最高车速 v_{max}，$v_{max} = (3\ 600/t_1 + 3\ 600/t_2)/2$。

2）0 ~ 30 km/h 加速性能测试

（1）将测试车辆停放在测试道路的起始位置，起动车辆，打开测速仪，将变速器置于起步挡，迅速起步，并将加速踏板快速踩到底，换入适当挡位，使车辆加速。

（2）观察测速仪显示器，直到车速达到（30±1）km/h，记录从踩下加速踏板到车速达到（30±1）km/h 的时间 t_1。

（3）以相反方向行驶做一次相同的测试，记录加速时间为 t_2。0 ~ 30 km/h 加速时间等于两次测得时间的算术平均值，即 $t = (t_1 + t_2)/2$。

3）30 ~ 50 km/h 加速性能测试

（1）测试车辆加速到（30±1）km/h 后，保持车速行驶 0.5 km 以上。

（2）使用离合器和变速杆将车辆加速到（50±1）km/h，记录从 30 km/h 开始加速到车速达到（50±1）km/h 的时间 t_1。

（3）以相反方向行驶做相同的测试，记录加速时间 t_2。30 ~ 50 km/h 加速时间是两次测得时间的算术平均值，即 $t = (t_1 + t_2)/2$。

在以上测试过程中，电池监测仪以一定频率在线监测、采集各单体电池的电压、SOC，动力电池组的电压、电流、温度等数据；车速仪实时显示车速及行驶距离；测试完毕后，将采集到的数据导入计算机数据分析软件，经过计算、分析得出各单体电池电压衰减率 η_V、温升率 η_T 和电池工作电压差异系数 $\xi(U)$。

以上测得的最高车速和加速时间应不小于电动测试车的设计要求，η_V、η_T、$\xi(U)$ 应符合电池设计要求。

2. 常温下续航里程测试

续航里程是指电动汽车在动力电池完全充满电状态下，以一定的行驶工况，能连续行驶的最大距离。续航里程实质上反映的是动力电池的实际容量大小。测试条件要求：室外温度为（20±5）℃，风速在 5 m/s 以下；测试场地为环形跑道；测试前，动力电池充满电，测试车加载至测试质量，散热器内加注满冷却液。测试方法采用等速法。

（1）测试前，检查车况、车载设备以及各电池是否正常，检查就绪后起动车辆，并开启测试设备。

（2）使用离合器和变速杆将车辆加速，车速至（40±2）km/h 时，不再提速，通过调整加速踏板开度保持匀速行驶状态。

（3）当车辆的行驶速度低于 36 km/h 时停止测试。测试过程中允许停车两次，每次停车时间不允许超过 2 min。记录测试期间测试车辆的停车次数和停车时间。测试结束后，记录测试车辆驶过的距离 L，用 km 表示，该距离 L 即等速法测量的续航里程。

在以上测试过程中，电池监测仪以一定频率在线监测、采集各单体电池的电压、SOC，动力电池组的电压、电流、温度等数据；车速仪实时显示车速及行驶距离；测试完毕后，将采集到的数据导入计算机数据分析软件，经过计算、分析得出各单体电池电压衰减率 η_V、温升率 η_T 和电池工作电压差异系数 $\xi(U)$。在测试时，L 不应小于设计续航里程数，η_V、η_T、$\xi(U)$ 应符合电池要求。

3. 高低温行车测试

高低温行车测试的目的是检验环境温度对电池放电容量以及使用性能的影响。测试要求分别在高温及低温地区测试，高温测试在亚热带高温季节进行，气温在 35 ℃以上，相对湿度在 85% 以上，风速在 5 m/s 以下；低温测试在寒区冬季进行，气温为 –30 ~ –15 ℃；测试场地为环形跑道；测试前，动力电池充满电，测试车加载至测试质量，散热器内加注防冻液。

高低温测试的主要内容是分别在高、低温环境下测量被测试车的续航里程，以测试动力电池的实际放电性能。续航里程的测试方法如上所述。在以上测试过程中，电池监测仪以一定频率在线监测、采集各单体电池的电压、SOC，动力电池组的电压、电流、温度等数据；车速仪实时显示车速及行驶距离；测试完毕后，将采集到的数据导入计算机数据分析软件，经过计算、分析得出各单体电池电压衰减率 η_V、温升率 η_T 和电池工作电压差异系数 $\xi(U)$。高、低温环境下，续航里程不得小于常温续航里程的 55%，η_V、η_T、$\xi(U)$ 应符合电池要求。

4. 持续爬坡测试

持续爬坡测试用于检验动力电池的持续大功率供电能力。测试条件要求为：室外温度 (20 ± 5) ℃，风速在 5 m/s 以下；测试坡道为表面平整、硬实、干燥的连续上坡道，长度为 5 ~ 8 km，上坡路段占总坡长的 90% 以上；测试前，动力电池充满电，测试车加载至测试质量，散热器内加注满冷却液。测试时，将测试车停放在坡道起点处，检查车况、车载设备以及各电池是否正常，检查就绪后起动车辆，并开启车速测试仪、电池监测仪等设备；变速器挂入一挡，起步开始爬坡；爬坡过程尽可能使用较高的挡位，且处于全负荷状态，在保证安全的前提下以较高的车速行驶直到测试终点。爬坡过程若出现电机、电池或控制器温度过高，电机电枢电流过大，动力电池组电压达到放电终止电压等情况，应立即停车检查。在以上测试过程中，电池监测仪以一定频率在线监测、采集各单体电池的电压、SOC，动力电池组的电压、电流、温度等数据；车速仪实时显示车速及行驶距离；测试完毕后，将采集到的数据导入计算机数据分析软件，经过计算、分析得出各单体电池电压衰减率 η_V、温升率 η_T 和电池工作电压差异系数 $\xi(U)$。

电动汽车在爬坡过程中动力电池组不应出现电压下降过快或短时间达到放电终止电压的现象，动力电池组温度不超过规定值，η_V、η_T、$\xi(U)$ 应符合电池要求。

 习题

1. 简述动力电池一致性的影响因素。
2. 采取哪些措施能够提高动力电池的一致性？
3. 简述热管理系统的设计步骤。
4. 动力电池性能测试包括哪些方面？

第 5 章

动力电池管理系统

本章学习目标

- ◆ 掌握纯电动汽车动力电池管理系统的基本结构和功能。
- ◆ 了解常用的动力电池电量管理方法。
- ◆ 能够分析电池管理系统的故障并进行故障排除。

🕸 导读

在使用电动汽车动力电池时，需使电池工作在合理的电压、电流、温度范围内，所以电动汽车上动力电池的使用都需要有效管理。电动汽车上对电池实施管理的具体设备就是电池管理系统（Battery Management System，BMS）。从镍氢电池开始，电池由于其本身的特性，需要电池管理系统来管理，它也是新能源汽车整体架构中的要素之一。从总体来看，电池管理系统的主要目的是测量电池状态、延长电池的使用寿命。电池管理系统的常见功能模块根据初步划分，可以分为测量功能、状态计算功能、系统辅助功能和通信与诊断。

🕸 5.1 概述

动力电池系统主要由动力电池模组、电池管理系统、动力电池箱及辅助元器件四部分组成。其中电池管理系统处于动力电池系统的核心位置，是电池保护和管理的核心部件，它不仅要保证电池安全可靠地使用，而且要充分发挥电池的能力和延长其使用寿命，作为电池和整车控制器以及驾驶者之间沟通的桥梁，控制电池组的充放电，并向整车控制器上报动力电池系统的基本参数及故障信息。

电池管理系统主要采集电池的电压、温度和电池的充放电电流。主要采用模块化结构，由一个电池管理系统主机和若干个电压、温度采集模块和电流采集模块组成。电池管理系统主机与电压、温度采集模块和电流采集模块之间通过内部通信总线连接。各个生产厂家不同，有的厂家带有两个管理系统，即主管理系统和辅助管理系统，电池管理系统主机通过CAN总线连接充电机、整车控制器以及汽车仪表。电池管理系统主机具有开关量输出，可以控制预充电继电器等。有的电池管理系统主机还具有彩色触摸屏等用户接口，可以实时显示电池组的各种信息。带有辅助管理系统的只是将电压、温度采集模块或者电流、温度采集模块进行了集中管理，由辅助管理系统模块完成相关采集和处理之后送至电池管理系统主

机。电压、温度采集模块完成对电池电压和温度的采集；电流采集模块完成对电流的采集；电池管理系统主机对电压、温度采集模块和电流、温度采集模块采集的信息进行汇总处理，并根据这些信息对充电机和整车控制器发送相关的指令信息。

按照性质不同，还可以将电池管理系统分为硬件电池管理系统和软件电池管理系统。

（1）硬件主要包括主机、采集电压、电流、温度等的电子元件，同时还包含熔断器、继电器、分流器、接插件、紧急开关、烟雾传感器、维修开关等基本辅助元器件。

（2）电池管理系统的软件监测电池的电压、电流、电池荷电状态（SOC）值、绝缘电阻值、温度值，通过与整车控制器、充电机的通信，来控制动力电池系统的充放电。

电池管理系统是用来对蓄电池组进行安全监控及有效管理，提高蓄电池使用效率的装置，对于电动车辆而言，通过该系统对电池组充放电的有效控制，可以达到增加续驶里程、延长使用寿命、降低运行成本的目的，并保证动力电池组应用的安全性和可靠性。电池管理系统已经成为电动汽车不可缺少的核心部件之一，其实物如图 5 – 1 所示。

图 5 – 1 电池管理系统实物

5.2 电池管理系统的基本结构及功能

对电池管理系统功能和用途的理解是随着电动车辆技术的发展逐步丰富起来的。最早的电池管理系统仅仅进行电池一次测量参数（如电压、电流和温度等）的采集，之后发展到二次参数（如 SOC、内阻）的测量和预测，并根据极端参数进行电池状态预警。现阶段电池管理系统除完成数据测量和预警功能外，还通过数据总线直接参与车辆状态的控制。

电池管理系统的主要工作原理可简单归纳为：数据采集电路采集电池状态信息数据后，电子控制单元（ECU）进行数据处理和分析，然后电池管理系统根据分析结果对系统内的相关功能模块发出控制指令，并向外界传递参数信息。

结构上，电池管理系统一般由一些传感器（用于测量电压、电流和温度等）、一个带微处理器的控制单元和一些输入/输出接口组成。BMS 最基本的作用是监控电池的工作状态（电池的电压、电流和温度），预测动力电池的 SOC 和相应的剩余行驶里程，管理电池的工作情况（避免出现过放电、过充电、温度过高和单体电池之间电压严重不平衡现象），以便最大限度地利用电池的存储能力和循环寿命。电池管理系统的核心数据处理和计算功能一般是由单片机来完成的，其构成原理如图 5 – 2 所示。

功能上，电池管理系统主要包括数据采集、电池状态估计、能量管理、安全管理、热管理、均衡控制、通信功能和人机接口。图 5 – 3 所示为电池管理系统的功能。

（1）数据采集。电池管理系统的所有算法都是以采集的动力电池数据作为输入，采样速率、精度和前置滤波特性是影响电池系统性能的重要指标。电动汽车电池管理系统的采样速率一般要求大于 200 Hz（50 ms）。

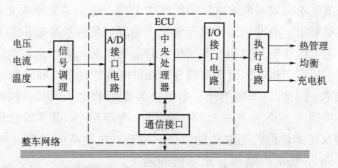

图 5-2 电池管理系统的构成原理

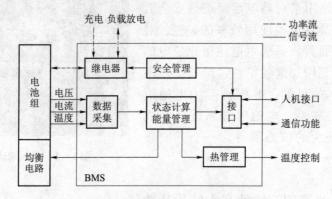

图 5-3 电池管理系统功能示意图

（2）电池状态计算。电池状态计算包括电池组荷电状态（State of Charge，SOC）和电池组健康状态（State of Heath，SOH）两方面。SOC 用来提示动力电池组剩余电量，是计算和估计电动汽车续驶里程的基础。SOH 用来提示电池技术状态，是预计可用寿命等健康状态的参数。

（3）能量管理。能量管理主要包括以电流、电压、温度、SOC 和 SOH 为输入进行充电过程控制，以 SOC、SOH 和温度等参数为条件进行放电功率控制两个部分。

（4）安全管理。监视电池电压、电流、温度是否超过正常范围，防止电池组过充过放。现在在对电池组进行整组监控的同时，多数电池管理系统已经发展到对极端单体电池进行过充、过放、过温等安全状态管理。

（5）热管理。在电池工作温度超高时进行冷却，低于适宜工作温度下限时进行电池加热，使电池处于适宜的工作温度范围内，并在电池工作过程中总保持电池单体间温度均衡。对于大功率放电和高温条件下使用的电池，电池的热管理尤为必要。

（6）均衡控制。由于电池存在一致性差异，电池组的工作状态是由最差电池单体决定的。在电池组各个电池之间设置均衡电路，实施均衡控制是为了使各单体电池充放电的工作情况尽量一致，提高整体电池组的工作性能。

（7）通信功能。通过电池管理系统实现电池参数和信息与车载设备或非车载设备的通信，为充放电控制、整车控制提供数据依据是电池管理系统的重要功能之一，根据应用需要，数据交换可采用不同的通信接口，如模拟信号、PWM 信号、CAN 总线或 12C 串行接口。

（8）人机接口。根据设计的需要设置显示信息以及控制按键等。

5.3 数据采集方法

5.3.1 单体电压检测方法

电池单体电压采集模块是动力电池组管理系统中的重要一环，其性能好坏或精度高低决定了系统对电池状态信息判断的准确程度，并进一步影响到后续的控制策略能否有效实施。常用的单体电压检测方法有以下5种。

1. 继电器阵列法

图 5-4 所示为基于继电器阵列法的电池电压采集电路原理框图，其由端电压传感器、继电器阵列、A/D 转换芯片、光耦合器、多路模拟开关等组成。如果需要测量 n 块串联成组电池的端电压，就要将 $n+1$ 根导线引入电池组中各节点。当测量第 m 块电池的端电压时，单片机发出相应的控制信号，通过多路模拟开关、光耦合器和继电器驱动电路选通相应的继电器，将第 m 根和第 $m+1$ 根导线引到 A/D 转换芯片。通常开关器件的电阻都比较小，配合分压电路之后由于开关器件的电阻所引起的误差几乎可以忽略，而且整个电路结构简单，只有分压电阻和 A/D 转换芯片还有电压基准的精度能够影响最终结果的精度，通常电阻和芯片的误差都可以做得很小。所以，在所需要测量的电池单体电压较高而且对精度要求也较高的场合最适合使用继电器阵列法。

图 5-4 基于继电器阵列法的电池电压采集电路原理框图

2. 恒流源法

恒流源电路进行电池电压采集的基本原理是，在不使用转换电阻的前提下，将电池端电压转化为与之呈线性变化关系的电流信号，以此提高系统的抗干扰能力。在串联电池组中，由于电池端电压也就是电池组相邻两节点间的电压差，故要求恒流源电路具有较好的共模抑制能力，一般在设计过程中多选用集成运算放大器来达到此种目的。出于设计思路和应用场合的不同，恒流源电路会有多种不同形式，图 5-5 所示就是其中一种，它是由运算放大器和绝缘栅型场效应晶体管组合构成的减法运算恒流源电路。

3. 隔离运放采集法

隔离运算放大器是一种能够对模拟信号进行电气隔离的电子元件，广泛用作工业过程控制中的隔离器和各种电源设备中的隔离介质。一般由输入和输出两部分组成，二者单独供电，并以隔离层划分，信号经输入部分调制处理后经过隔离层，再由输出部分解调复现。隔离运算放大器非常适合应用于电池单体电压采集电路中，它能将输入的电池端电压信号与电路隔离，从而避免外界干扰而使系统采集精度提高，可靠性增强。下面以一个典型应用实例来说明。

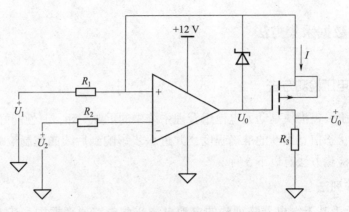

图 5 – 5　减法运算恒流源电路

图 5 – 6 所示为隔离运算放大器在 600 V 动力电池组管理系统中的应用，其中共有 50 块标定电压为 12 V 的水平铅蓄电池，其端电压被隔离运算放大器电路逐一采集。从图 5 – 6 中不难发现，ISO122 的输入部分电源就取自动力电池组，输出部分电源则出自电路板上的供电模块，电池端电压经两个高精密电阻分压后输入运算放大器，与之呈线性关系的输出信号经多路复用器后交单片机控制电路处理。隔离运算放大器采集电路虽然性能优越，但是较高的成本却影响了其广泛应用。

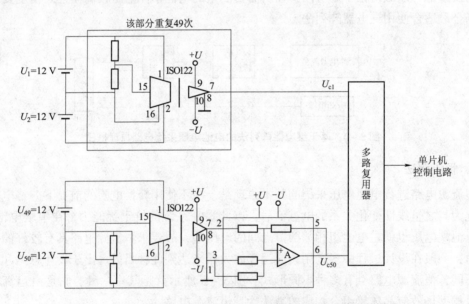

图 5 – 6　隔离运算放大器在 600 V 动力电池组管理系统中的应用

4. 压/频转换电路采集法

当利用压/频（V/F）转换电路实现电池单体电压采集功能时，压/频变换器的应用是关键，它是把电压信号转换为频率信号的元件，具有良好的精度、线性度和积分输入等特点。LM331 是美国 FS 公司生产的高性价比集成 V/F 芯片，采用了新的温度补偿带隙基准电路，在整个工作温度范围内和低到 4 V 电源电压以上都有极高的精度。

图 5 – 7 所示为 LM331 高精度压/频转换电路原理图，电压信号直接被转换为频率信号，

即可进入单片机的计数器端口进行处理，而无须 A/D 转换。此外，为了配合压/频转换电路在电池单体电压采集系统中的应用，相应选通电路和运算放大电路也需加以设计，以实现多路采集的功能，这种方法涉及的元件比较少，但是压控振荡器中含有电容器，而电容器的相对误差一般都比较大，而且电容越大相对误差也越大。

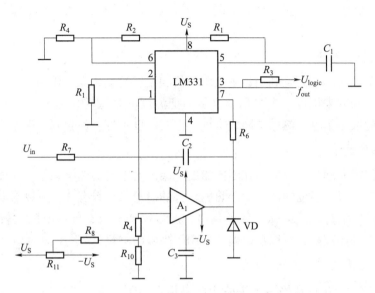

图 5 – 7　LM331 高精度压/频转换电路原理图

5. 线性光耦合放大电路采集法

基于线性光耦合器件的电池单体电压采集电路实现了信号采集端和处理端之间的隔离，从而提高了电路的稳定性与抗干扰能力。从图 5 – 8 中不难看出，电池单体电压值（即 U_1 与 U_2 之差）经运算放大器 A_1 后被转化为电流信号 I_{p1} 并流过线性光耦合器 TIL300，经光耦隔离后输出与 I_{p1} 呈线性关系的电流，再由运算放大器 A_2 转化为电压值得以进行 A/D 转换并完成采集。值得注意的是，线性光耦合器两端需要使用不同的独立电源，在图中分别标示为 + 12 V 和 ±12 V。可见，线性光耦合器放大电路不仅具有很强的隔离能力和抗干扰能力，还使模拟信号在传输过程中保持了较好的线性度，因此可以与继电器阵列或选通电路配合应用于多路采集系统中，但其电路相对较复杂，影响精度的因素较多。

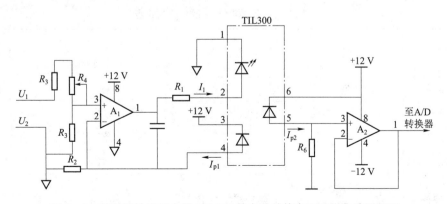

图 5 – 8　基于线性光耦合器 TIL300 的电池单体电压采集电路原理图

5.3.2　电池温度采集方法

电池的工作温度不仅影响电池的性能，而且直接关系到电动汽车使用的安全问题，因此准确采集温度参数显得尤为重要。采集温度并不难，关键是如何选择合适的温度传感器。目前，使用的温度传感器有很多，如热电偶、热敏电阻、热敏晶体管、集成温度传感器等，下面介绍其中的三种。

1. 热敏电阻采集法

热敏电阻采集法的原理是利用热敏电阻阻值随温度的变化而变化的特性，用一个定值电阻和热敏电阻串联起来构成一个分压器，从而把温度的高低转化为电压信号，再通过 A/D 转换得到温度的数字信息。热敏电阻成本低，但线性度不好，而且制造误差一般比较大。

2. 热电偶采集法

热电偶的作用原理是双金属体在不同温度下会产生不同的热电动势，通过采集这个电动势的值就可以查表得到温度的值。由于热电动势的值仅与材料有关，所以热电偶的准确度很高。但是由于热电动势都是毫伏等级的信号，所以需要放大，外部电路比较复杂。一般来说，金属的熔点都比较高，所以热电偶一般用于高温的测量。

3. 集成温度传感器采集法

由于温度的测量在日常生产、生活中用得越来越多，所以半导体生产商们都推出了很多集成温度传感器。这些温度传感器虽然很多是基于热敏电阻式的，但都在生产的过程中进行了校正，所以精度可以媲美热电偶，而且直接输出数字量，很适合在数字系统中使用。

5.3.3　电池工作电流采集方法

常用的电流检测方式有分流器、互感器、霍尔元件电流传感器和光纤传感器 4 种，各方法的特点见表 5－1。其中，光纤传感器昂贵的价格影响了其在控制领域的应用；分流器成本低、频响应好，但使用麻烦，必须接入电流回路；互感器只能用于交流测量；霍尔元件电流传感器性能好，使用方便。目前，在电动车辆动力电池管理系统电流采集与监测方面应用较多的是分流器和霍尔元件电流传感器。

表 5－1　各种电流检测方法的特点

项目	分流器	互感器	霍尔元件电流传感器	光纤传感器
插入损耗	有	无	无	无
布置形式	需插入主电路	开孔、导线传入	开孔、导线传入	—
测量对象	直流、交流、脉冲	交流	直流、交流、脉冲	直流、交流
电气隔离	无隔离	隔离	隔离	隔离
使用方便性	小信号放大、需隔离处理	使用较简单	使用简单	—

项目	分流器	互感器	霍尔元件 电流传感器	光纤传感器
适用场合	小电流、控制测量	交流测量、 电网监控	控制测量	高压测量, 电力系统常用
价格	较低	低	较高	高
普及程度	普及	普及	较普及	未普及

5.4 电量管理系统

电池电量管理是电池管理的核心内容之一,对于整个电池状态的控制及电动车辆续驶里程的预测和估计具有重要的意义。SOC 估计常用算法有开路电压法、容量积分法、电池内阻法、模糊逻辑推理和神经网络法、卡尔曼滤波法。

1. 开路电压法

开路电压法是最简单的测量方法,主要根据电池组开路电压判断 SOC 的大小。由电池的工作特性可知,电池组的开路电压和电池的剩余容量存在一定的对应关系。某动力电池组的电压与容量的对应关系如图 5-9 所示,随着电池放电容量的增加,电池的开路电压降低。由此,可以根据一定的充放电倍率时电池组的开路电压和 SOC 的对应曲线,通过测量电池组开路电压的大小,插值估算出电池 SOC 的值。

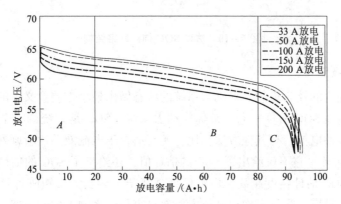

图 5-9 某动力电池组电压与容量的对应关系

2. 容量积分法

容量积分法是通过对单位时间内,流入流出电池组的电流进行累积,从而获得电池组每一轮放电能够放出的电量,确定电池 SOC 的变化。

3. 电池内阻法

电池内阻有交流内阻(常称交流阻抗)和直流内阻之分,它们都与 SOC 有密切关系。电池交流阻抗为电池电压与电流之间的传递函数,是一个复数变量,表示电池对交流电的反抗能力,要用交流阻抗仪来测量。电池交流阻抗受温度影响大,是对电池处于静置后的开路状态还是对电池在充放电过程中进行交流阻抗测量存在争议，所以很少在实车测量中使用。直流内阻表示电池对直流电的反抗能力，等于在同一很短的时间段内，电池电压变化量与电流变化量的比值。实际测量中，将电池从开路状态开始恒流充电或放电，相同时间里负载电压和开路电压的差值除以电流值就是直流内阻。直流内阻的大小受计算时间段影响，若时间段短于 10 ms，只有欧姆内阻能够检测到；若时间段较长，内阻将变得复杂。准确测量电池单体内阻比较困难，这是直流内阻法的缺点。在某些电池管理系统中，内阻法与安时计量法组合使用来提高 SOC 估算的精度。

4. 模糊逻辑推理和神经网络法

模糊逻辑推理和神经网络是人工智能领域的两个分支，模糊逻辑接近人的形象思维方式，擅长定性分析和推理，具有较强的自然语言处理能力；神经网络采用分布式存储信息，具有很好的自组织、自学习能力。它们共同的特点是均采用并行处理结构，可从系统的输入、输出样本中获得系统输入、输出关系。电池是高度非线性的系统，可利用模糊推理和神经网络的并行结构和学习能力估算 SOC，如图 5 – 10 所示。

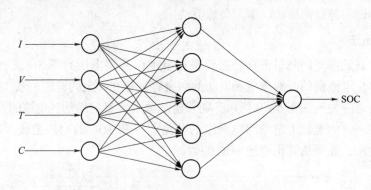

图 5 – 10   估算 SOC 神经网络结构

5. 卡尔曼滤波法

卡尔曼滤波理论的核心思想是对动力系统的状态做出最小方差意义上的最优估算。卡尔曼滤波法应用于电池 SOC 估算，电池被称作动力系统，SOC 是系统的一个内部状态。卡尔曼滤波法适用于各种电池，与其他方法相比，尤其适合于电流波动比较剧烈的混合动力电动汽车电池 SOC 的估计，它不仅给出了 SOC 的估计值，还给出了 SOC 的估计误差。该方法的缺点是要求电池 SOC 估计精度越高，电池模型越复杂，涉及大量矩阵计算，工程上难以实现，且该方法对于温度、自放电率以及放电倍率对容量的影响考虑的不够全面。

✳ 5.5   均衡管理系统

随着动力电池在电动汽车动力系统中的广泛应用，逐渐暴露出一系列诸如耐久性、可靠性和安全性等方面的问题。电池成组后单体之间的不一致是引起这一系列问题的主要原因之一。由于电动汽车类型和使用条件限制，对电池组功率、电压等级和额定容量的要求存在差别，电池组中单体电池数量存在很大的差异。即使参数要求相似，由于电池类型不同，所需的电池数量也存在较大的差别。总体看来，单体数量越多，电池一致性差别越大，对电池组性能的影响也越明显。车载动力锂离子电池成组后，电池单体性能的不一致严重影响了电池组的使用效果，减少了电池组的使用寿命。造成单体电池间差异的因素主要有以下三方面：

（1）电池制作工艺限制，即使同一批次的电池也会出现不一致。

（2）电池组中单体电池的自放电率不一致。

（3）电池组使用过程中，温度、放电效率、保护电路对电池组的影响会导致差异的放大。

因此，均衡系统是车载动力锂电池组管理系统的关键技术。从电池集成和管理方面来看，主要可以从两个方面来缓解电池不一致带来的影响：成组前动力电池的分选；成组后基于电池组不一致产生的表现形式和参数的电池均衡技术。然而，成组前电池单体的分选技术在保证电池组均衡能力方面是有限的，其无法消除电池组在使用过程中产生的不均衡。所以，基于电池组不一致的表现形式和参数的电池均衡技术是保证电池组正常工作、延长电池寿命的必要模块和技术。

串联蓄电池组均衡策略，按照均衡过程中能量的流动和变换形式可以分为被动均衡和主动均衡两大类。被动均衡策略的典型代表为电阻分流均衡策略，其均衡过程是将串联蓄电池组中能量较高的单体蓄电池中的能量通过电阻转化成热能，最终实现串联蓄电池组中各单体蓄电池能量的一致，如图 5-11 所示。该方法在均衡过程中耗散一定的电池能量，故而现在已经较少使用。

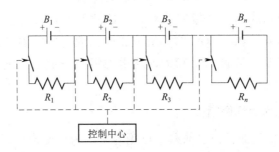

图 5-11　电阻分流的被动均衡策略

5.5.1　均衡变量的选择

1. 以开路电压作为均衡变量

目前多数均衡系统以开路电压作为均衡变量，因为开路电压为直接观测量，容易测量，并且开路电压与 SOC 之间存在一定的关系，开路电压达到一致时电池组 SOC 一致性也较好，而相同充放电电流时 SOC 与工作电压也存在类似正相关关系，开路电压较高的电池，SOC 较高，充放电时该电池电压仍会高于其他电池，因此在电池组处于搁置状态时以开路电压作为均衡变量可以在一定程度上改善电池组不一致性状态。但是以开路电压作为均衡变量使得均衡系统只能工作于电池组搁置状态，降低系统工作效率，故均衡控制过程中某些参数需要重新标定。此外，开路电压本身变化范围很小，要求均衡系统采集模块具有较高的采集精度。

2. 以工作电压作为均衡变量

工作电压与开路电压一样都是可以直接测量的参数，而且工作电压相比于开路电压变化范围更大，采集精度上更容易满足要求。以工作电压作为均衡变量的均衡系统工作于电池组充放电阶段，由于目前纯电动汽车上的动力锂离子电池组充放电截止条件就是以工作电压来判定的，以工作电压作为均衡变量可以保证在不过充过放的前提下尽可能地提高电池组的容量利用率。对于老化程度较深、内阻较大的电池，在非满放的情况下，以工作电压一致作为均衡目标可以保证其工作过程中 SOC 波动范围小于其他电池，可减缓该电池的老化速度，延长整组电池的使用寿命。以工作电压作为均衡变量的缺点在于其受干路电流的影响波动幅度特别大，特别是在纯电动汽车实际运行工况下，工作电压可能会出现剧烈波动，使得均衡系统启闭频繁，开关损耗增加。在电池 SOC 较高和较低时工作电压变化比较剧烈，对均衡系统均衡能力要求较高，而 SOC 处于中间阶段时单体间工作电压差距可能会很小，需要保证均衡系统的采样精度。

3. 以 SOC 作为均衡变量

SOC 表征当前电池剩余容量占最大可用容量的比例，以 SOC 作为均衡变量时，可以忽略电池组内单体电池间最大可用容量的差异，使所有单体电池同时达到充放电截止电压，使得电池组容量得到有效利用。同时，SOC 保持一致意味着所有单体均工作于相同的放电深度，避免由于放电深度不同导致的电池老化速度的差异。只有所有单体电池任意时刻 SOC 值保持一致时，电池组 SOC 值才能真实反映整个电池组的剩余容量状态。以 SOC 作为均衡变量最大的问题在于 SOC 的估算精度以及实时性问题，在充放电初期 SOC 差异较小，如果不能识别的话，到后期差异较大时均衡系统压力就会比较大，甚至无法完成均衡。均衡电流本身也会对 SOC 估算造成影响，现有的估算方法大多没有考虑。此外，高精度 SOC 估算算法一般计算量较大，对电池组内每节电池进行实时估算要求均衡系统具有足够的运算能力。

4. 以剩余可用容量作为均衡指标

与 SOC 作为均衡指标类似，以当前剩余可用容量作为均衡指标也是从容量角度对电池组进行均衡，同样能够避免低容量电池导致的"短板效应"，充分发挥电池组的能力。在组内电池老化程度差异不大的情况下两者是一致的，如果组内电池老化程度不同，某一时刻 SOC 达到一致后，由于不同电池 SOC 变化速率不同，下一时刻又会出现不一致，但若以剩余可用容量为均衡目标，则后续不一致性问题就不会出现。以剩余可用容量作为均衡指标主要的问题在于在线实时估算电池当前最大可用容量，目前的估算方法大多只能做到离线估算，并且估算精度难以保证。

5.5.2 主动均衡方案

对于锂离子动力电池而言，要改善单体电池之间的不一致性，均衡系统是电池管理系统设计工作的核心。若没有均衡管理模块，动力电池组的稳定性就没有了保证。从均衡子系统的元器件来分，电阻均衡、储能元器件均衡是锂离子电池目前比较常用的均衡方法。当然，所有的均衡子系统，从均衡结构的拓扑形式来分有独立均衡和集中均衡，从均衡的能量回收角度来分有主动均衡和被动均衡，从能量流向角度来分有单向均衡和双向均衡。电池均衡结构如图 5 - 12 所示。

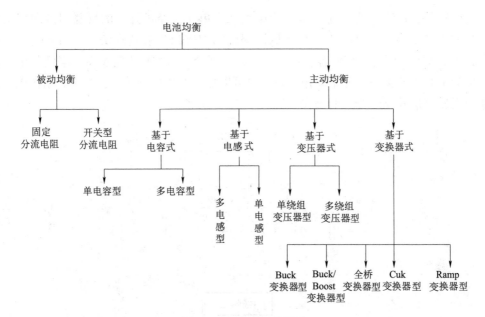

图 5 - 12　电池均衡结构

1. 基于电容式均衡拓扑结构

在基于电容式均衡策略的电路拓扑中，最基本的电路拓扑结构有两种，分别如图 5 - 13 和图 5 - 14 所示，二者的主要差别在于均衡过程中参与均衡的电容数量以及均衡电路的控制方式不同。

1）基于单电容均衡拓扑结构

在图 5 - 13 所示的单电容均衡策略中，只需要一个电容作为能量转移的载体，其均衡过程还需要电压检测电路的参与。其工作流程为：控制中心从串联蓄电池组中检测能量过高的单体蓄电池，控制其两端开关闭合将能量传递给电容，电容充电之后将断开电压过高的单体电池，闭合电压过低的单体与电容的连接，电容器给低压单体充电，经过若干周期进而将电荷转移至能量过低的单体蓄电池中。该策略结构相对复杂，但是均衡电路体积小，均衡速度快。

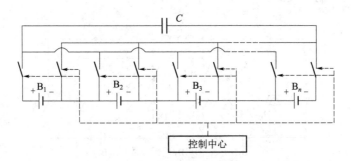

图 5 - 13　单电容均衡拓扑结构

2）基于多电容均衡拓扑结构

对于多电容均衡电路，一组电容器在串联电池组相邻电池之间传递电荷，其工作原理是：所有开关同时动作，在上下触点之间轮流接通，通过这种简单的动作，电荷在两相邻电池单体之间转移，最终电荷由高压单元传递到低压单元，经过开关的反复切换即可实现均衡。所用的单刀双掷开关可以用一个变压器耦合的 MOSFET 装置来实现，因此其开关频率可以高达上百 kHz，所需平衡电容容量要求较小。理论上该方法不需要单体电池的电压检测模块，但为了避免开关一直处于动作状态，也可以加入电压检测单元，在出现单体电压差异时控制单元发出信号驱动开关的动作。

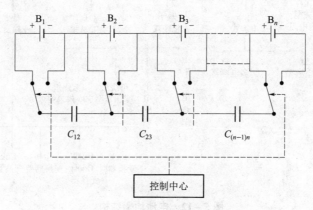

图 5 – 14　多电容均衡拓扑结构

2. 基于电感式均衡电路

基于电感式均衡策略是以电感作为能量转移的载体，实现各单体蓄电池之间能量的均衡。按照电感的耦合形式，又可分为单/多电感均衡策略，均衡拓扑结构分别如图 5 – 15、图 5 – 16 所示。

1）基于单电感均衡拓扑结构

单电感式主动均衡中每个单体电池两端通过开关连通两条单向路径，分别连向中间储能元件电感 L 的两端，通过控制开关阵列使能量能在任意两节单体之间进行转移，如图 5 – 15 所示，实现能量的削峰填谷。该方案通过开关阵列选通使电池组内任意两单体之间可以进行能量转换，加快了均衡速度，减少了均衡过程中的能量损失。但是，由于同一时刻只有两节单体参与能量转移，所以开关控制相对复杂，而且单电感式主动均衡的能量转移效率相较于变压器式均衡仍然较低。

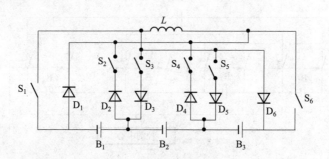

图 5 – 15　单电感均衡拓扑结构

2）基于多电感均衡拓扑结构

多电感式主动均衡在每相邻两单体电池之间放置一个电感，如图 5 – 16 所示，通过开关通断时间配合储能电感实现能量在相邻两单体之间转移，该均衡方案扩展性好，均衡电流大，但当需要均衡的单体电池相隔较远时需要经过多次中间传输，降低了均衡速度，同时也会增加能量损失。

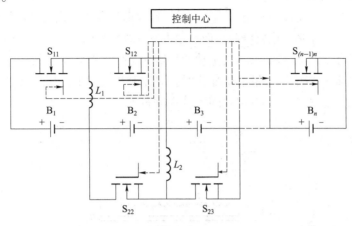

图 5-16 多电感均衡拓扑结构

3. 基于单绕组和多绕组变压器的均衡电路

1）基于单绕组变压器的均衡结构

图 5-17 所示为单绕组变压器均衡策略电路拓扑结构，为每个单体蓄电池配备一个变压器和一个整流二极管。当控制中心发出均衡信号时，均衡开关 S_1 以一定频率开始动作，为初级线圈充电进而激发次级线圈输出电压，匝数比将保证输出电压是各单体电压的平均值，并且自动为电压最低的单体电池充电，保证各单体蓄电池电压的一致。串联蓄电池组中的能量将自动在各个单体蓄电池中进行均匀分配，从而完成能量的均衡过程。

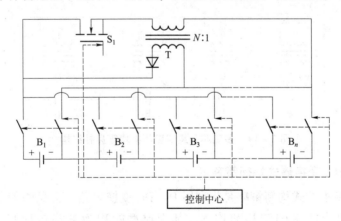

图 5-17 单绕组变压器均衡拓扑结构

2）基于多绕组变压器的均衡结构

多绕组变压器均衡电路一般指反激式多绕组变压器均衡拓扑电路（图 5-18），工作在DCM（断续模式）下，主要有单铁芯和多铁芯的多绕组变压器。变压器式主动均衡通过充电阶段的顶部均衡和放电阶段的底部均衡防止单体电池过充过放，最终使所有单体电池的能量差异在一定阈值范围内。该方案能量转移对象为单体和电池组，因此不涉及相互转移的问题，只需要判定单体电池的能量与电池组平均能量的差值是否在一定范围内,若单体电池能量低于电池组平均能量,则控制与电池组相连的变压器原边导通,由整组给能量较低的单体补充能量;若单体电池能量高于电池组平均能量,则控制与该单体相连的副边绕组导通,由单体电池向电池组转移多余的能量,因此控制策略简单、容易操作,但是变压器式主动均衡的扩展性差,单体电池数量改变时变压器必须重新绕制,而且副边的一致性难以保证,易出现磁饱和。

如图 5 - 19 所示,多磁芯变压器式主动均衡增加了变压器式均衡结构的扩展性,每个单体对应一个小变压器,当单体数量发生变化时,只需要相应增加变压器数量,但是该方案需要的变压器数量较多,成本高,占用空间大且难以布置。

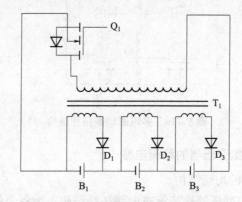

图 5 - 18 多绕组变压器均衡拓扑结构

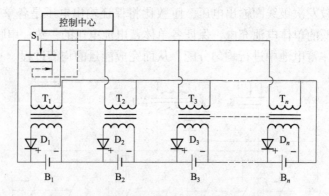

图 5 - 19 多磁芯多绕组变压器均衡拓扑结构

4. 基于 DC/DC 变换器式均衡策略

基于 DC/DC 变换器式均衡策略是指利用 DC/DC 变换电路,常见的如各式直流变换器,实现串联蓄电池组中能量的转移和均衡。其中典型的均衡策略包括基于 Buck 变换器、Buck/Boost 变换器、Cuk 变换器等类型,其电路拓扑如图 5 - 20、图 5 - 21 和图 5 - 22 所示。严格来说,以上四种拓扑结构只是 DC/DC 变换器设计中的几种转换技术,与上面所述电路结构相比并未用到新的电气元件,相反,在这几种电路结构中还可能与以上介绍过的电路结构有重复的地方。

1) 基于 Buck 变换器均衡结构

Buck 变换器属于降压型 DC/DC 变换器结构,其输出电压等于或小于输入电压的单管非

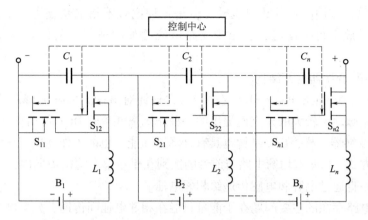

图 5 – 20　Buck 变换器均衡拓扑结构

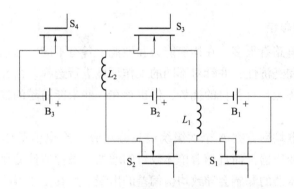

图 5 – 21　Buck/Boost 变换器均衡拓扑结构

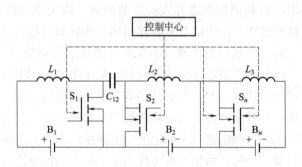

图 5 – 22　Cuk 变换器均衡拓扑结构

隔离直流变换器。根据电感电流 I 是否连续，Buck 变换器有 3 种工作模式：连续导电模式、不连续导电模式和临界导电模式。连续导电模式为线性系统，控制比较方便、简单。而不连续导电模式为非线性系统，不好控制。

2）基于 Buck/Boost 变换器均衡结构

Buck/Boost 变换器是升降压型 DC/DC 变换器结构，每两个单体之间形成一个变换器，通过电容或者电感等储能元件转移单体能量，实现能量在相邻单体间单向或者双向流动。事实上，多电感均衡结构就是 Buck/Boost 变换器结构组成的升降压型均衡电路。此方案的基本思路，就是将高电压单体中的电能取出再进行合理的分配，从而实现均衡。其电路结构相对简单，应用的器件数目也较少，是一种比较不错的均衡方案。需要注意的是，当多个单体同时放电再分配时，会出现支路电流叠加的情况，需仔细设计相关参数以保证系统稳定。

3）基于 Cuk 变换器均衡结构

Cuk 变换器又叫 Buck/Boost 串联变换器，它是针对 Buck/Boost 升降压变换器存在输入电流和输出电流脉动值较大的缺点而提出的一种非隔离式单管 DC/DC 升降压反极性变换器。与 Buck/Boost 变换器一样，Cuk 结构也具有升降压功能，也能工作在电流连续、断续和临界连续三种工作方式。Cuk 型均衡电路与前者的区别在于在整个均衡周期内，无论开关闭合或者断开，能量一直通过电容和电感传递给相邻电池。

变换器型电路存在的主要问题在于能量只能在相邻电池间传递，如果电池节数较多，则均衡效率将大受影响，另外对开关控制精度要求较高，且元器件较多，特别是 Cuk 型电路，成本较高。

5. 均衡拓扑结构总结

现有的电池均衡电路有很多，在均衡能力和性能上各有不同，在选择均衡电路的过程中要充分考虑其稳定性和经济性，并针对不同的工作环境进行选择。由分析可知，虽然现有的基本均衡技术在均衡领域具有各自的优势，但也存在一些未能逾越的技术问题，导致均衡能力不能达到要求。

基于多绕组变压器均衡方案 N 个次级绕组只能对应 N 个电池单体，单体数目增加则需要重新设计绕制整个变压器，而且随着单体数目的增加，磁性器件的存在不仅增大成本和均衡器的体积，而且变压器的漏感会导致均衡偏差的出现，尤其变压器的设计目前没有一种精确的设计方法，难以实现多输出绕组的精确匹配，另外同轴铁芯结构导致均衡器可移植性变差。基于多电容和多电阻的均衡方案也存在一定的问题，隔离型均衡器随着单体数量的增加，磁性器件会造成体积过大，由于能量只能在相邻单体之间传递，因此当高电压单体和低电压单体之间距离较远时，能量逐级传递，不仅大大增加了均衡时间，尤其在实际使用中，充电时间要尽可能短，这种方案很难达到均衡效果。基于多电容和多电感均衡结构是一种不需要依赖于电压检测精度的均衡方案，但是开关电容网络的布线复杂，如果利用电容的优势通过开关控制实现均衡，会带来软件编写中复杂的控制策略难以准确实现的难题；最重要的是关断时电流回路中巨大的尖峰电流和浪涌电流给电路中的电容器带来巨大的冲击，缩短电容器寿命甚至损坏电容器；另外，虽然均衡原理决定了电压检测电路可以省略，在一定程度上减小了工作量和误差率，但是由于均衡期间缺乏电池状态中电压指标的监控，在电池发生异常时没有了故障警报和处理机制，安全性下降。均衡拓扑结构对比如表 5-2 所示。

表 5-2 均衡拓扑结构对比

方案	优点	缺点
单电容型	开关较少，均衡速率快	需电压检测模块，从而达到快速均衡
多电容型	无须电压检测，控制策略简单	相邻单体间能力转换、均衡速度慢，能量损失较多
单电感型	结构简单，均衡速度快	开关瞬间有能量损失，开关频率高，需滤波电容

方案	优点	缺点
多电感型	可实现任意两单体的能量传递，实现充电均衡和静态均衡，扩展性好，均衡电流大	开关瞬间有较大能量损失，开关频率高，需滤波电容；当需要均衡的单体电池相隔较远时，需经多次中间传输，降低了均衡速度，增加了能量损失
单绕组变压器型	均衡速度快，低磁损失少	控制复杂，成本高，铁芯和绕组根据电池组电压和单体电压而定，通用性差
多绕组变压器型	均衡速度快，效率高，可用于充电和放电时的均衡	电路设计难度大，结构复杂，铁芯和绕组根据电池组电压和单体电压而定，通用性差
Buck 变换器型	直流电压输出稳定，结构简单	输出电压等于或小于输入电压，仅用于单向均衡
Buck/Boost 变换器型	均衡速度快，便于模块化设计，双向升降压均衡，对于电池数量多的系统易于实施	成本较高，需智能控制，能量损耗较大，结构复杂
Cuk 变换器型	能量可双向流动，均衡速度快，效率较高	控制复杂，电压检测精度要求高

6. 均衡策略选择

适当的均衡策略，是对硬件电路设计的补偿。依据均衡电路拓扑结构的原理，目前主要有三种均衡策略。

1）最大值均衡策略

这种方法以串联电池组中单体电压值最高的单体为均衡对象，通过开关阵列选通电压最高的单体对电压最低的单体放电，直至达到均衡设定指标。设 V_{max} 为串联电池组中电压最高的单体电压值，V_{min} 为串联电池组中电压最低的单体电压值。β 为均衡开启阀值，若 $V_{max} - V_{min} > \beta$（根据相关国家标准，单体电压差值超过 36 mV 视为不均衡），则将电压最高的电池能量释放给串联电池组或者电压最低的单体，直到 $V_{max} - V_{min} \leq \beta$，则均衡终止。

此方案在电池组中大多数单体均衡度较高，部分单体电压过高或过低的情况下能够快速均衡，而在电池组内单体间一致性差时，会导致控制逻辑混乱，反而降低系统的均衡效率。

2）平均值及差值比较均衡策略

这种方法适合以串联电池组中所有单体电压的平均值作为参考对象，通过比较单体的电压值与电池组的平均电压值，进而对电压较高的单体放电；或者比较相邻单体的电压，对电压较高的单体进行放电。

此方案软件控制策略方便实现，但是在相邻单体之间转移的硬件拓扑结构下，若单体之间距离较远，则需要通过多个单体的传递，造成能量的浪费和热失衡的状况。

3）模糊控制策略

锂离子电池的模型建立是一个非常复杂的非线性过程，其容量随充电循环次数逐渐下降，充放电特性随着充放电倍率和环境温度发生较大的变化，其 SOC 与内阻会随着使用时间的增加发生不规律的变化。而为了保证动力系统中上百个单体的一致性，对其精度提出了越来越高的要求，因此不可能搭建一个精确模型。而智能型控制理论——模糊逻辑控制（Fuzzy Logic Control，FLC）非常适合这样的非线性系统，它主要包括以下三个步骤：

（1）根据隶属函数和模糊规则离线计算查询表（Matlab/fuzzy）。

（2）将模糊控制查询表存入单片机。

（3）检测单体状态，查表确定 PWM 以驱动均衡电路。

模糊逻辑控制具有鲁棒性强、实时性好、控制参数简单的优势，可以动态地调整均衡电流，是目前数字控制的发展方向。但是目前模糊控制规则的设计完全依靠专家经验，针对不同的电池单体需建立不同的规则，因此可移植性较差。

7. 动力电池组均衡技术总结

电容均衡电路的核心器件是电容，电感均衡电路的核心器件是电感。由电容和电感的特性可知，电容两端电压不能突变，而流过电感的电流不能突变。在电容均衡电路中，当系统开启均衡时，电容将会不断地在相邻两节电池间切换，这就导致均衡电容的电压值不断波动，因此，电池电压也就受到电容两端电压值波动的影响而发生一定幅度的波动，这种现象对电池管理系统的电压采集产生非常大的影响，导致数据采集精度变低。对于电感均衡电路来说，由于其均衡回路电感的存在，均衡回路电流不会发生突变，因此电池电压不会发生较大的波动现象。其次，电容作为系统的均衡器件，其特性又使均衡回路电流一直处于跳变状态，且幅值非常大，所以每个均衡电容需要串联一个限流电阻（串联的限流电阻为 0.01 Ω），电阻过大会使均衡速度下降，电阻过小又会使均衡电流过大，而在均衡过程中限流电阻必然消耗能量，这就导致了均衡效率的降低。从以上的分析可知，在均衡控制电路组成结构上，电感均衡方案要优于电容均衡方案。

基于电感式的均衡电路复杂度较高，成本较大，但其均衡效率较好，扩展性较好。基于变压器的均衡结构工作时均衡电流较大，复杂度较高，软件设计难度大，扩展性较差。但这种结构的均衡效果较好，能量损耗较少。

基于以上的分析，在动力电池组的均衡设计时选择基于电感或基于变压器结构的均衡硬件电路效果较好。对于均衡变量的选取，目前大部分电池管理系统的均衡模块选取工作电压作为均衡依据，技术较为成熟。理论上说，以电池单体 SOC 为均衡变量的均衡效果会更好，单体电池的 SOC 一致性也是均衡系统工作的最终目的。但目前 SOC 的估计精度不是很高，以此为均衡变量将加大均衡误差，同时软件设计较复杂。

综上所述，选择基于电感或基于变压器结构的均衡硬件电路，结合最大值均衡法的控制策略的均衡系统将达到一个相对较好的均衡效果。在实际设计均衡系统时，还应综合考虑工作环境、项目需求、成本等多方面因素选取合适的均衡拓扑结构，这样才能增加电池模块的工作可靠性和使用寿命。

✳ 5.6 热管理系统

由于过高或过低的温度都将直接影响动力电池的使用寿命和性能，并有可能导致电池系统的安全问题，并且电池箱内温度场的长久不均匀分布将造成各电池模块、单体间性能的不均衡，因此，电池热管理系统对于电动车辆动力电池系统而言是必需的。可靠、高效的热管理系统对于电动车辆的可靠安全应用意义重大。电池组热管理系统有以下 5 项主要功能：电池温度的准确测量和监控；电池组温度过高时的有效散热和通风；低温条件下的快速加热；有害气体产生时的有效通风；保证电池组温度场的均匀分布。

按照传热介质，可将电池组热管理系统分为空冷、液冷和相变材料（PCM）冷却三种。考虑到材料的研发以及制造成本等问题，目前最有效且最常用的散热系统是采用空气作为散热介质。

5.6.1 空冷系统

不使用任何外部辅助能量，直接利用汽车行驶形成的自然风将电池的热量带走，该方法简单易行，成本低。日本丰田公司的混合动力电动汽车 Prius、本田公司的 Insight 以及以丰田RAV－4 电动汽车的电池包都采用了空冷的方式。目前空冷散热通风方式一般有串行和并行两种。

空冷方式的主要优点是：结构简单，质量相对较小，没有发生液体泄漏的可能，有害气体产生时能有效通风，成本较低；缺点在于空气与电池表面之间换热系数低，冷却和加热速度慢。

5.6.2 液冷系统

液冷系统利用液体相对于空气有较高的换热系数，可将电池产生的热量快速带走，达到有效降低电池温度的目的。

液体冷却主要分为直接接触和非直接接触两种方式。非直接接触式液冷系统必须将套筒等换热设施与电池组进行整合设计才能达到冷却的效果，这在一定程度上降低了换热效率，增加了热管理系统设计和维护的复杂性。

对于直接接触式的液冷系统，通常采用不导电且换热系数较高的换热工质，常用的有矿物油、乙二醇等。对于非直接接触式的液冷系统，可以采用水、防冻液等作为换热工质。

随着纳米技术的发展，新型传热介质纳米流体不仅在科研，而且在应用上得到很大关注，纳米流体即以一定的方式和比例将纳米级金属或非金属氧化物粒子添加到流体中而形成的。研究表明，在液体中添加纳米粒子，可以显著提高液体的导热系数，提高热交换系统的传热性能。因此将纳米流体应用于电池热管理技术将会是一个新的研究发展方向，值得广泛的关注。

5.6.3 相变材料（PCM）冷却

PCM 冷却系统，如图 5－23 所示，是一种将相变储能材料与电池模块进行整合，利用其相变潜热来实现电池热管理的被动式冷却系统。

石蜡具有相变温度接近电池最佳工作温度，具有较高的相变潜热和成本低廉等特点，但是其不足之处是具有很低的热导率。因此，许多研究者开展了旨在克服其低热导率缺陷的实验研究，通过在石蜡中添加热导率高的物质制成复合 PCM，有助于提高材料的综合性能。采用添加金属填料、金属阵列结构、金属翅片管、铝切削片来提高石蜡的热导率多有报道。研究表明，在 PCM 中添加碳纤维，或将碳纳米管分散在 PCM 中心可以在很大程度上提高 PCM 复合材料的热导率。

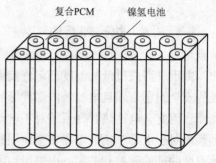

图 5－23　PCM 冷却系统

PCM 热管理系统具有降低整个电池系统体积、减小运动部件、不需要耗费电池额外能量的优点，理论分析和实验数据表明该技术会有良好的产业前景，值得引起国内业界高度重视。

5.6.4　热管冷却系统

根据热管的散热原理，蒸发端将电池所产生的热量以相变热的形式储存于工质中，借助工质输运能力把热量传递到冷凝端。工质可以进行连续不断的循环，将电池产生的热量源源不断地传递到环境空气中，从而实现小温差下大热流的传输，使电池温度迅速降低。如图5－24 所示，该系统具有换热效率高、冷却效果显著和寿命长等特点，与风冷、液体冷却方案相比，该方案具有技术含量较高，系统的工艺和制造相对复杂，不易进行系统维护等缺点。

5.6.5　多种冷却方式复合系统

由于单一的冷却方式有其固有缺点和局限性，将多种冷却方式进行复合可以更好地利用不同冷却方式的优点，并最大限度地克服其缺点与不足所带来的不利影响。

将 PCM 与空气冷却结合设计了图 5－25 所示的电池模块模型。

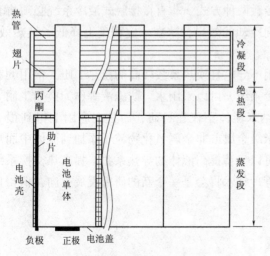

图 5－24　热管冷却系统

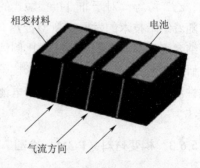

图 5－25　PCM 与空气冷却复合系统的电池模块模型

通过实验研究发现，这种复合式散热系统对电池热管理有着很好的效果。由于翅片有良好的导热性能且与热管之间有很好的热耦合，将热管加铝翅片再插入电池中，热管的冷凝段再加入冷却风扇，构成了一个多种冷却方式的复合散热系统，显著降低了锂离子电池的温度并保障了电池单体间的温度均匀性。

通过对各种常规的热管理系统的分析研究（如风冷、液冷、相变冷却等），结合各自的优点且尽量避免和克服其缺点，设计出不同类型的复合式热管理系统，以达到控制电池温度的最佳效果。随着人们对动力电池温度控制要求越来越高，多种冷却方式复合散热系统将成为动力电池热管理的重要研究内容。

✳ 5.7 数据通信系统

数据通信是电池管理系统的重要组成部分之一，主要涉及电池管理系统内部主控板与检测板之间的通信，电池管理系统与车载主控制器、非车载充电机等设备之间的通信等。在有参数设定功能的电池管理系统上，还有电池管理系统主控板与上位机的通信。CAN 通信方式是现阶段电池管理系统通信应用的主流，在国内外大量产业化电动汽车电池管理系统以及国内外关于电池管理系统数据通信标准中均提倡采用该通信方式。RS232、RS485 总线等方式在电池管理系统内部通信中也有应用。图 5-26 所示为 BJ6123C7C4D 纯电动客车电池管理系统通信方式。电池管理系统可实现单体电池电压检测、电池温度检测、电池组工作电流检测、绝缘电阻检测、冷却风机控制、充放电次数记录、电磁和 SOC 的估测等功能。其中，RS232 主要实现主控板与上位机或手持设备的通信，完成主控板、检测板各种参数的设定；RS485 主要实现主控板与检测板之间的通信，完成主控板电池数据、检测板参数的传输。

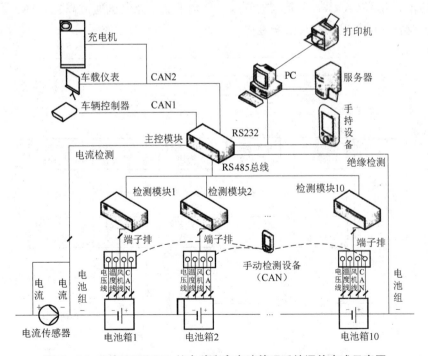

图 5-26　BJ6123C7C4D 纯电动客车电池管理系统通信方式示意图

CAN 通信分为 CAN1 和 CAN2 两路，CAN1 主要与车载主控制器通信，完成整车所需电池相关数据的传输；CAN2 主要与车载仪表、非车载充电机通信，实现电池数据的共享，并为充电控制提供数据依据。

在车载运行模式下电池管理系统的结构如图 5-27 所示。电池管理系统中央控制模块通过 CAN1 总线将实时的、必要的电池状态告知整车控制器以及电机控制器等设备，以便采用更加合理的控制策略，既能有效地完成运营任务，又能延长电池使用寿命。同时，电池管理系统（中央控制模块）通过高速 CAN2 将电池组的详细信息告知车载监控系统，完成电池状态数据的显示和故障报警等功能，为电池的维护和更换提供依据。

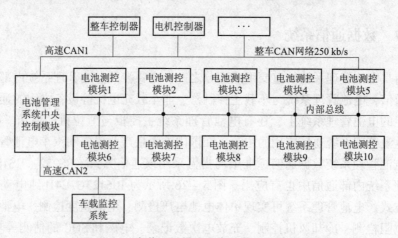

图 5-27　车载运行模式下电池管理系统的结构

在应急充电模式下电池管理系统的结构如图 5-28 所示。充电机实现与电动汽车物理连接。此时的车载高速 CAN2 加入充电机节点，其余不变。充电机通过高速 CAN2 了解电池的实时状态，调整充电策略，实现安全充电。

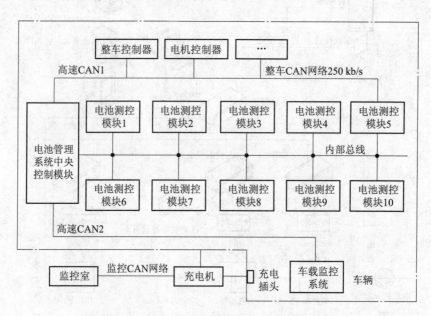

图 5-28　应急充电模式下电池管理系统的结构

5.8 电池管理系统的故障诊断与分析

5.8.1 电池管理系统故障分析

电动汽车的主要部件电池系统属于高压部件，其设计好坏直接影响到整车安全性和可靠性。在电池系统中，从故障发生的部位看，有传感器故障、执行器故障（接触器故障）和元器件故障（电芯故障）等。这些故障在电动汽车系统中一旦发生，轻者造成系统性能下降，重则引起事故，造成人员和财产的巨大损失，因此电池系统故障诊断及容错控制问题的研究显得十分必要。

电动汽车中高压电系统的功能是保证整车系统动力电能的传输，并随时检测整个高压系统的绝缘故障、断路故障、接地故障和高压故障等，是保证整车设备和人员安全的首要任务，也是电动车辆产业化的关键技术之一。1970 年前后，国际标准化组织和美国、欧洲、日本等先后成立了开展电动车辆标准研究和制定工作的标准化组织和机构，相继发布了若干电动车辆的技术标准。它们对电动车辆的高压电安全及控制制定了较为严格的标准和要求，并规定了高压系统必须具备高压电自动切断装置。其中涉及的电气特性有绝缘特性、漏电流、充电器的过流特性和爬电距离及电气间隙等，需要根据这些特性对电池系统的安全问题进行周全的考虑。首先需要进行电池系统的失效模式和后果分析并提出相应的检测及处理方式；然后根据故障分析的结果来设计电池管理系统诊断系统，再根据诊断规范完成故障诊断策略和软件开发。

表 5 - 3 所示为电池系统预先危险性分析结果，电池系统设计需要根据电池预先危险性分析，对每个可能的危害源都采取针对性的故障检测及处理设计，确保电池系统运行安全、可靠、高效。

表 5 - 3　电池系统预先危险性分析

电池危害	可能的危害源	可采取的措施
电池爆炸或破裂	电池过充	监控电池电压和电流
	电池过放	
	线束故障	检测线束异常及保护措施
	电池短路	监控电池电流及保险丝设计
	电池内部过热	监控电芯温度及热管理
	接触器控制异常	监控接触器状态及控制
	通过通电分解水产生氢气和氧气，氢气在空气中浓度达到 4% 时会爆炸	电池气体检测及电池包排气设计
高压触电	高压线束连接错误	检测高压线束异常及预充电设计
	高压绝缘低	高压绝缘检测及控制

电动汽车存在着特有的高压电动力安全性隐患，电动汽车的动力电压远远超过了人体的安全电压；电池发生短路或电解液泄漏可能引起剧烈的爆炸和燃烧；电池化学反应产生的有害物质也会对司乘人员造成潜在的危害等。这些都将影响电动汽车的应用前景。由于电池是电动汽车高压源，因此，电池管理系统需要确保整车高压系统安全可靠，可通过包括高压绝缘检测、高压互锁电路、碰撞安全开关、手动维修开关及电池各部件诊断设计等实现。当检测到高压系统故障时，系统可及时做出响应并采取措施，以确保高压动力安全性及整车碰撞安全性等。

当电池系统出现严重故障时，高压接触器必须快速切断以保护电池和确保整车高压安全，因此接触器的诊断显得尤为重要。

BMS 系统负责整车高压系统的安全，需要定期测量高压母线对地的绝缘电阻，并将绝缘状态和电阻值通过 CAN 总线上报以通知整车其他控制器。当检测到电池组绝缘电阻异常时，可采取分级报警的策略确保高压安全。

由于电动汽车中安装了大能量高压蓄电池组，因此在遇到紧急情况，尤其是严重的碰撞时，将会使车内的蓄电池单元、高压用电器等与车身固定件发生碰撞挤压等情况，造成潜在的脱落、短路等瞬间绝缘性能的快速下降或高压主回路电路的短接等非常危险的情况。为适应这种被动控制的需求，在电动汽车上设置了一个加速度传感器的信号输入电路接入 BMS 系统。当诊断出一个被动安全碰撞信号，将及时通过总线与整车控制器通信，并快速切断动力电池的高压回路，防止高压触电。

5.8.2 动力电池故障诊断策略

动力电池故障诊断策略开发主要包括三个方面的内容：故障检测、故障数据管理和诊断服务接口。故障诊断对象是指电池系统各个部件，故障检测需要根据每个部件的失效模式分析，并配合相应的硬件设计，具备该部件的故障检测功能；故障数据管理是动力电池故障诊断系统的核心，它执行主要的故障诊断与处理的算法；诊断服务接口提供根据 ISO 标准所定义的电控单元与外部诊断设备通信的底层驱动以及协议；外部诊断仪是车辆在检修时维修人员使用的，满足 ISO 标准的外部工具，用以读取存储的故障码，便于合理高效的维修。

软件架构应该包含应用层软件、核心层软件和底层驱动软件。应用层软件主要进行电池系统故障检测、电池状态数据的读取及电池系统关键控制变量的控制；核心层软件是整个故障诊断的中枢，包括故障码的管理、诊断服务接口和故障码的存储/擦除管理；底层驱动软件包括一些单片机 A/D、I/O 等的状态读取及控制，以及符合 ISO15765 诊断规范的 CAN 接口驱动程序。

故障数据管理是故障诊断系统的核心，它包括以下几个主要功能：

（1）实现电池系统故障码的存储和管理。
（2）存储和管理与故障相关的冻结帧信息，便于故障排查。
（3）提供与应用程序和诊断仪的诊断服务接口函数。
（4）电池系统故障灯的管理。
（5）故障处理机制的管理。

系统会定时执行故障诊断软件顺序巡检每个故障码的状态，并根据每个故障码对应的故障等级和故障状态标志位来设置每一个故障级别的故障计数器，再根据电池系统故障级别采取相应的故障处理措施，以确保电池和整车高压系统安全可靠。由于外界因素的干扰，信号可能偶尔会产生一些正常的跳变抖动。将一个信号识别为异常后，系统并不直接视其为故障，而是通过一定方式进行累积，只有当累积结果达到一定程度时，才最终将异常判断为故障。这样可以提高系统的容错性，避免由于过于敏感而导致无法使用。

 习题

1. 动力电池的基本结构与功能有哪些？
2. 动力电池动力均衡策略包含哪些？
3. 动力电池热管理系统分几种方式？并简要叙述之。

第6章

动力电池系统设计

本章学习目标

◆ 了解纯电动汽车及动力电池的发展现状。
◆ 了解纯电动汽车的结构和组成。
◆ 熟悉目前常用的动力电池及其特点。

✿ 导读

动力电池系统的设计，要求满足车辆动力性、安全性、经济性等性能要求，同时实现与车辆的底盘、驱动系统的机械和电气连接，满足车辆的功能要求。

✿ 6.1 电动车辆能耗经济性评价参数

动力电池组是电动车辆的重要能量来源，是纯电动车辆的唯一能量来源。在车辆与电池系统的匹配中，首先需要关注并了解电动车辆的能耗评价指标。

能耗经济性是车辆的主要使用性能之一，可以定义为车辆在一定的使用工况下，以最小能量消耗完成单位运输工作的能力。在内燃机汽车上称为燃料经济性，在电动汽车上以电能消耗为指标。车辆能耗经济性常用的评价参数都是以一定的车速或循环行驶工况为基础，以车辆行驶一定里程的能量消耗量或一定能量可使车辆行驶的里程来衡量的。为了使电动汽车能耗经济性评价指标具有普遍性，以适用于不同类型的电动汽车，其评价指标应该满足以下三个条件：

(1) 可比性：可以对不同类型的电动汽车经济性进行比较。
(2) 独立性：指标参数数值与整车储存能量总量无关。
(3) 直观性：可以直接从参数指标进行能耗经济性判断。

1. 续驶里程

续驶里程是纯电动汽车动力电池组充满电后可连续行驶的里程，可分为等速续驶里程和循环工况续驶里程。等速工况通常采用 40 km/h 或 60 km/h 作为标准。循环工况则根据车辆的使用环境进行选择，常用的包括欧洲 15 工况、日本 10 工况、中国客车 6 工况等。此项指标对于综合评价电动汽车动力电池组、电机、传动系统效率及电动汽车实用性具有积极意义。但由于此项指标与电动汽车电池组装车容量及电压水平有关，因此在不同车型和装配不同容量电池组的同种车型间不具有可比性。即使装配相同容量同种电池的同一车型，续驶里

程也受到电池组状态、天气、环境因素等使用条件影响而有一定幅度的波动。

续驶里程还可以分为理论续驶里程、有效续驶里程和经济续驶里程。理论续驶里程是根据电池组能量存储理论值和车辆单位里程能量消耗理论值计算所得的续驶里程；有效续驶里程是电池组在保证经济性和实用性，使电池组能够可靠稳定工作前提下的续驶里程；经济续驶里程是最大限度保证电池组使用经济性和使用寿命，有利于电池组最佳状态下工作的续驶里程。三种续驶里程的定义可用放电深度来表示。理论续驶里程为充放电深度均为100%情况下电动汽车可行驶的里程；有效续驶里程为放电深度为70%~80%时车辆可行驶里程；经济续驶里程为充电至SOC为90%，放电深度不超过70%时的车辆可行驶里程。在此种充放电机制下，可以最大限度地保证电池组稳定可靠工作，减少电池组不一致性带来的对整个电池组系统工作的影响，提高电池组寿命，并且在此机制下，电池的充放电效率最高，电动汽车运行的总体能耗经济性最好。

2. 单位里程容量消耗

电池及电池组以容量作为能量存储能力的标准之一。以电池组作为唯一动力源的纯电动汽车，单位里程的容量消耗定义为：车辆行驶单位里程消耗的电池组容量，单位为 A·h/km。电池组单位里程容量消耗计算方法为

$$Q_s = \frac{\int_{t_1}^{t_2} I(t) \, dt}{S} \quad\quad (6-1)$$

式中，Q_s 为电池组单位里程容量消耗（A·h/km）；I 为电池组放电电流（A），是电池放电时间 t 的函数；S 为车辆行驶距离（km）；t_1，t_2 为车辆行驶起止时间。

在电池组不同的放电深度，总电压有明显的变化，因此在相同放电功率下电池组放电电流有相应的变化。由单位里程容耗的计算式（6-1）可知，在不同的电池组放电深度，相同车辆使用条件下，单位里程消耗的电池组容量不同。单位里程容耗作为经济性评价参数存在一定的误差，因此单位里程容量消耗指标参数值的获得必须以多次不同条件下行驶试验为基础，取试验结果的平均值。基于上述特点，此项指标在不同的使用条件下，不同的车型间不具有可比性，仅适用于电压等级相同、车型相似情况下能耗经济性能的比较或同一车型能耗水平随电池组寿命变化历程分析。

3. 单位里程能量消耗

单位里程能量消耗又可以分为单位里程电网交流电量消耗和单位里程电池组直流电量消耗。其中，单位里程电网交流电量消耗受到不同类型充电设备效率的影响，有一定的误差，并且充电设备是独立于电动汽车的服务性设备，不应作为电动汽车效率的一部分。在不同的充电设备情况下，电动汽车的经济性在一定程度上不具有可比性。单位里程电池组直流电量消耗，仅以车载电池组的能量状态作为标准，脱离了充电机的影响，所以可以直接、可靠地反映电动汽车的实际经济性能。

4. 单位容量消耗行驶里程和单位能量消耗行驶里程

这两种电动汽车能耗经济性的评价指标分别是单位里程容量消耗和单位里程能量消耗的倒数，单位分别为 km/(A·h) 和 km/(kW·h)。

5. 等速能耗经济性

汽车等速能耗经济性是指汽车在额定载荷下，在最高挡、水平良好路面上以等速行驶单

位里程的能耗或单位能量行驶的里程。通常可以测出每隔 5 km/h 或 10 km/h 速度间隔的等速行驶能耗量，然后在速度 – 能耗曲线图上连成曲线，称为等速能耗经济特性。此曲线可以确定汽车的经济车速，但这种评价方法不能反映汽车实际行驶中受工况变化的影响，特别是市区行驶中频繁加减速的行驶工况。

6. 比能耗

电动汽车不同车型的总质量相差很大，跨度从几百千克到十余吨，因此单位里程能量消耗也有很大差别。为了进行不同车型间能耗水平分析和比较，引入直流比能耗的概念，即单位质量在单位里程上的能量消耗，单位为 kW·h/(km·t)。此参数可以体现不同车型间传动系统匹配优化程度和能量利用效果。以直流比能耗作为电动汽车能耗经济性的评价标准，可以直观地评价各种不同车型的能耗水平，可比性强。现在主流汽车企业研制的电动汽车直流比能耗在 40~80 W·h/(km·t)。

在电压等级相同的情况下，与比能耗指标评价类似，可以引入比容耗的概念，即单位质量在单位里程的容量消耗，单位为 A·h/(km·t)。

纯电动汽车能耗经济性评价的各个参数之间存在相互转换的计算关系，如图 6 – 1 所示。电池组可放出的有效能量、有效容量、单位里程能耗及单位里程容耗是电动汽车续驶里程的决定性因素。车辆的整备质量把单位里程能耗、容耗与比能耗、比容耗联系起来。单位里程能耗、容耗与单位能量、容量行驶里程之间的倒数关系说明这两个参数只是同一概念的两种不同表达方式。单位里程容耗和能耗的区别在于计算中是否考虑电池组电压变化的影响。

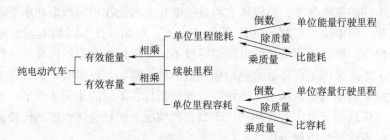

图 6 – 1　纯电动汽车能耗参数关系示意图

6.2　电池系统与整车的匹配方法

电池系统与电动车辆的匹配主要涉及功率匹配和能量匹配两个方面，分别满足车辆动力性和续驶里程的要求。

6.2.1　车辆行驶动力学功率平衡方程

根据车辆动力学，车辆行驶功率平衡方程为

$$P_t = \left(mg\cos\alpha f + mg\sin\alpha + \frac{C_D A}{21.15}v^2 + \delta m\frac{dv}{3.6dt} \right)\frac{v}{3\ 600} \cdot \frac{1}{\eta_T} \qquad (6-2)$$

式中，P_t 为车辆行驶功率（kW）；m 为整车质量（kg）；f 为滚动阻力系数；α 为坡道角；

C_D 为空气阻力系数；A 为迎风面积（m^2）；g 为重力加速度；δ 为旋转质量换算系数；η_T 为传动效率（%）。

电动车辆驱动电机的理想特性曲线如图 6 – 2 所示，图中 v_{rm} 为车辆以恒驱动力特性输出和以恒驱动功率特性输出的分界车速，P_P 为动力生成装置功率。

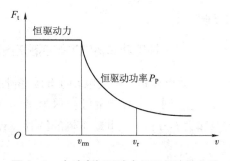

图 6 – 2　电动车辆驱动电机理想特性曲线

忽略车辆传动效率损失，按照图 6 – 2，车辆起步加速时间计算方法为

$$\begin{cases} t = \dfrac{\delta m}{3.6} \displaystyle\int_0^{v_{rm}} \dfrac{\mathrm{d}v}{\dfrac{3\,600 P_P}{v_{rm}} - mgf - \dfrac{C_D A v^2}{21.15}} + \dfrac{\delta m}{3.6} \displaystyle\int_{v_{rm}}^{v_r} \dfrac{\mathrm{d}v}{\dfrac{3\,600 P_P}{v_{rm}} - mgf - \dfrac{C_D A v^2}{21.15}} \\ v_v \geqslant v_{rm} \end{cases} \quad (6-3)$$

$$\begin{cases} t = \dfrac{\delta m}{3.6} \displaystyle\int_0^{v_r} \dfrac{\mathrm{d}v}{\dfrac{3\,600 P_P}{v_{rm}} - mgf - \dfrac{C_D A v^2}{21.15}} \\ v_r \geqslant v_{rm} \end{cases} \quad (6-4)$$

$$t \leqslant t_a \quad (6-5)$$

式中，t 为时间（s）；t_a 为加速时间的设计目标最大允许值。

把式（6 – 5）代入式（6 – 3）或式（6 – 4）中，得

$$P_P \geqslant f(v_{rm}, t_a) \quad (6-6)$$

另外，要满足车辆爬坡性能要求，有

$$P_P \geqslant \left(mg\cos\alpha_{max} f + mg\sin\alpha_{max} + \frac{C_D A}{21.15} v_{min}^2 \right) \frac{v_{min}}{3\,600} \cdot \frac{1}{\eta_T} \quad (6-7)$$

要满足车辆最高车速匀速行驶，有

$$P_P \geqslant \left(mgf + \frac{C_D A}{21.15} v_{max}^2 \right) \frac{v_{max}}{3\,600} \cdot \frac{1}{\eta_T} \quad (6-8)$$

满足车辆续驶里程要求，车载电池组的总能量设计为

$$E_B = \frac{S_S m e_0}{1\,000} \quad (6-9)$$

式中，S_S 为车辆续驶里程设计值（km）；e_0 为电动车辆比能耗（$\text{kW} \cdot \text{h}/(\text{km} \cdot \text{t})$）；$E_B$ 为电动车辆车载电池组总能量（$\text{kW} \cdot \text{h}$）。

电动车辆动力生成装置（对于纯电动车辆为动力电池组，对于混合动力车辆为动力电池与发动机等的组合）的功率参数设计应同时满足式（6 – 6）、式（6 – 7）和式（6 – 8），纯电动车辆续驶里程设计应满足式（6 – 9）。对于纯电动车辆，由于电动机可获得较为理想的工作特性，而且具有过载能力，功率参数的选择可适当减小，即连续功率输出满足式（6 – 9），而车辆的加速性能和爬坡性能可通过电动机短时间过载工作满足；串联混合动力车辆动力装置的参数设计与纯电动车辆相同，而并联混合动力车辆动力装置的参数设计涉及并联混合比的设计，即按照设计目标要求的不同以及拟订的控制策略，优化动力生成装置的动力输出并达到

第 6 章　动力电池系统设计

合理匹配。

6.2.2 纯电动车辆电池组匹配方法

续驶里程是反映纯电动车辆经济性的一个重要指标，设电池的额定电压和容量分别为 U_e、Q_m，则额定总能量可表示为 $W_0 = U_e Q_m$，实际携带的总能量与放电电流有关，表达为 $E_b = W_0 (I_m/I)^{k-1}$。电动车辆的续驶里程的计算公式为

$$s = \frac{E_b}{m e_0} = \frac{W_0 (I_m/I)^{k-1}}{(m_a + m_b) e_0} \qquad (6-10)$$

式中，I_m 为电池组 0.3 C 放电电流（A）；k 为普朗克常数，锂离子电池取 1.04，铅酸蓄电池取 1.3；m_a 为整车质量（不包括电池）（kg）；m_b 为电池质量（kg）；e_0 为车辆比能耗（W·h/(km·kg)）。

对于纯电动车辆，电池组是车辆唯一的动力生成装置，电池组容量的选择一方面影响车辆的续驶里程，另一方面也影响到车辆的整车质量和行驶动力性。为了更加直观地反映这种影响程度，定义车辆动力性影响因子 ξ_D 和续驶里程影响因子 ξ_S，即

$$\xi_D = \frac{v_{max}}{v_{max0}} \quad 或 \quad \xi_D = \frac{t_0}{t_a} \quad 或 \quad \xi_D = \frac{i_{max}}{i_{max0}} \qquad (6-11)$$

$$\xi_S = \frac{S}{S_S} \qquad (6-12)$$

式中，v_{max0} 为设计目标中要求的车辆行驶最高车速；t_a 为最大允许的加速时间；i_{max0} 为最大爬坡度；S_S 为续驶里程。

在电池组容量和能量选择方面应同时满足

$$\xi_S \geqslant 1, \quad \xi_D \geqslant 1 \qquad (6-13)$$

例如，某电动大客车动力性指标有最高车速为 90 km/h，0~60 km/h 的加速时间为 48 s，最大爬坡度为 20%，续驶里程为 240 km，电池比能耗与车速的关系如图 6-3 所示，续驶里程与车速的关系如图 6-4 所示，说明车辆在 40 km/h 附近比能耗最小，续驶里程最长，主要是由驱动电机在此点工作效率极高所致。

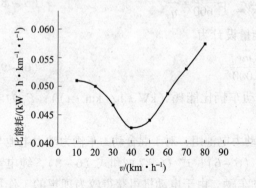

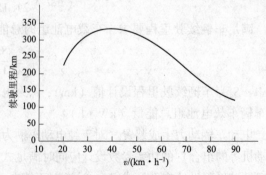

图 6-3　电池比能耗与车速的关系曲线　　　　图 6-4　续驶里程与车速的关系曲线

按经济车速来设计车辆续驶里程，结合电动大客车动力性指标对铅酸蓄电池和锂离子电池进行比较，其质量及容量与 ξ_D、ξ_S 的关系曲线如图 6-5 所示。可知，对于锂离子电池，ξ_D、ξ_S 都要比铅酸蓄电池的大，这是因为选用的锂离子电池的比能量和比功率要比铅酸蓄电

池高，并且可以看出铅酸蓄电池不能同时满足 $\xi_D > 1$，$\xi_S > 1$。根据设计目标，锂离子电池质量和容量的设计范围为 $1\ 400\ \mathrm{kg} < m_b < 4\ 000\ \mathrm{kg}$，$420\ \mathrm{A \cdot h} < C < 1\ 300\ \mathrm{A \cdot h}$。

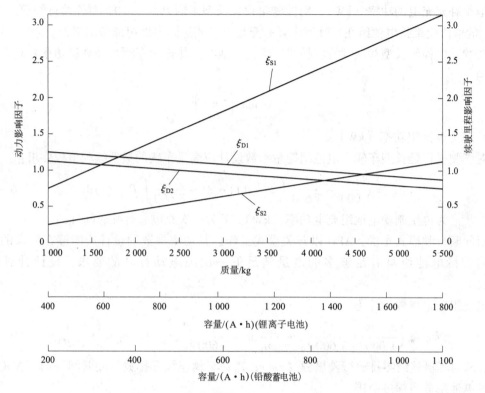

图 6-5　电池质量 m_b 与 ξ_D、ξ_S 的关系曲线

6.2.3　混合动力车辆电池组匹配方法

混合动力车辆具有两套车载能源系统，即发动机/发电机组（APU）和电池组，混合比设计与车辆实际的控制目标和要求密切相关。控制目标反映了混合动力车辆的用途和使用特征，主要有：续驶里程延长型，装用较小功率的 APU，补充电池组电量的不足，减缓电池组能量的消耗和电量状态的衰减；连续行驶模式，APU 以连续模式工作，电池组作为功率均衡装置，输出峰值功率和接受再生制动能量；间断行驶模式，在闹市区或受限制区域，车辆以纯电动方式行驶，APU 应及时对车载电池组进行补充充电，同时电池组容量应足以满足车辆纯电动行驶里程要求。

由车辆功率平衡方程（6-2），分别得到车辆行驶巡航功率 P_{cruising} 和峰值功率 P_{peak} 为

$$P_{\mathrm{cruising}} = \left(mgf + \frac{C_D A v^2}{21.15} \right) \frac{v}{3\ 600 \eta_T} \tag{6-14}$$

$$P_{\mathrm{peak}} = \left[mgf(\cos\alpha - 1) + mg\sin\alpha + \delta m \frac{\mathrm{d}v}{\mathrm{d}t} \right] \frac{v}{3\ 600 \eta_T} \approx \left(mg\sin\alpha + \delta m \frac{\mathrm{d}v}{\mathrm{d}t} \right) \frac{v}{3\ 600 \eta_T} \tag{6-15}$$

对续驶里程延长型和连续行驶模式车辆，若 APU 连续工作，其功率输出设计为

$$P_{\mathrm{APU}} = \frac{P_{\mathrm{cruising}}}{\eta_p} + \frac{P_{\mathrm{aux}}}{\eta_{\mathrm{aux}}} + P_{\mathrm{charging}} \tag{6-16}$$

式中，P_{APU} 为 APU 输出功率（kW）；η_p 为电池组效率（%）；P_{aux} 为车载附件，如动力转向、制动气泵、油泵、空调等的功率消耗（kW）；η_{aux} 为车载附件总效率（%）；$P_{charging}$ 为 APU 给电池组补充充电的功率（kW），对续驶里程延长型车辆 $P_{charging}=0$，对连续行驶模式车辆，$P_{charging}$ 的取值应维持电池组在行驶始末具有充足电量或达到电池组能量的平衡。

对续驶里程延长型和连续行驶模式车辆，电池组需能输出车辆行驶峰值功率，功率参数设计为

$$P_B = \max\left(\frac{P_{peak}}{\eta_p}\right) \qquad (6-17)$$

式中，P_B 为电池组功率（kW）。

对续驶里程延长型车辆，电池组能量参数设计应满足车辆的最低续驶里程要求：

$$E_B \geqslant \frac{Sme_0}{1\,000} - \frac{1}{3\,600}\int_0^T P_{regen}(t)\eta_B \mathrm{d}t - \frac{1}{3\,600}\int_0^T P_{APU}(t)\mathrm{d}t \qquad (6-18)$$

式中，P_{regen} 为再生制动电池组充电功率（kW）；T 为一次充电总行驶时间（s）。

对间断行驶模式车辆，APU 以开关模式工作，其功率参数的设计应能够在要求的时间内及时维持电池组具有足够多的电量满足下一次纯电动行驶的要求，设计计算同式（6-16）。

电池组容量参数设计为

$$E_B \geqslant \left(\frac{S_0 e_0 m}{1\,000} + \frac{1}{3\,600}\int_0^{T_0}\frac{P_{aux}}{\eta_{aux}\eta_B}\mathrm{d}t - \frac{1}{3\,600}\int_0^{T_0} P_{regen}(t)\eta_B \mathrm{d}t\right) \times \frac{1}{\Delta DOD} \qquad (6-19)$$

式中，S_0 为车辆连续零排放行驶里程（km）；T_0 为车辆连续零排放行驶时间（s）；ΔDOD 为允许的电池组放电深度范围。

例如，某电动客车最高车速为 70 km/h，市区行驶平均车速为 20 km/h，车辆峰值功率 P_{peak} 取 90 kW，巡航功率 $P_{cruising}$ 取 18 kW；车载附件 P_{aux} 取 8 kW；发动机/发电机组（APU）具有富裕功率为电池组补充充电，$P_{charging}$ 取 8 kW，按照式（6-16），APU 参数设计为

$$P_{APU} = \frac{18 + 8}{0.85}\,kW = 38.59\,kW$$

即 APU 中发电机的功率设计值为 38.59 kW，发动机的功率为

$$P_e = \frac{P_{APU}}{\eta_g} = \frac{38.59}{0.85}\,kW = 45.40\,kW$$

式中，P_e 为发动机功率（kW）；η_g 为 APU 中发电机效率（%）。

考虑车辆以连续零排放模式工作，每次行驶里程 20 km，按照式（6-19），不考虑车辆再生制动，电池组能量

$$E_B = \left(20 \times 0.065 \times \frac{15\,610}{1\,000} + \frac{8}{0.8 \times 0.85} \times 1\right) \times \frac{1}{0.6}\,kW\cdot h = 53.44\,kW\cdot h$$

选用比能量、比功率较高的锂离子电池，锂离子电池比能量为 108 W·h/kg，满足能量要求的电池组质量参数为

$$m_B \geqslant \frac{E_B}{W_e} = \frac{53.44 \times 1\,000}{108}\,kg = 494.8\,kg$$

式中，W_e 为电池组比能量（W·h/kg）。

电动机额定工作电压为 384 V，电池组容量参数为

$$C_{\mathrm{B}} \geqslant \frac{E_{\mathrm{B}}}{U_{\mathrm{n}}} = \frac{53.44 \times 1\,000}{384} \mathrm{A \cdot h} = 139.2 \mathrm{A \cdot h}$$

式中，U_{n} 为车载电池组额定工作电压（V）；C_{B} 为电池组总容量（A·h）。

另外，在电池系统与车辆的匹配中还包括电压匹配。当前电机控制的电压已经实现了标准化，144 V、288 V、336 V、384 V、544 V 是电动车辆电机系统常用的输入电压，对应电机系统电压值可确定电池系统的额定电压值。

 ## 6.3　电池包结构与设计

6.3.1　基本概念

在与电池包相关的几个概念中，有 4 个常用且相互之间有关联的概念，容易出现混淆。

（1）动力蓄电池箱（Power Battery Box）。它是能够承装蓄电池组、蓄电池管理模块以及相应的辅助元器件的机械结构。

（2）动力蓄电池包（Power Battery Pack）。它是蓄电池组、蓄电池管理模块、蓄电池箱以及相应附件有机组合构成的具有从外部获得电能并可对外输出电能的单元，简称蓄电池包。

（3）快换动力蓄电池包（Swapping Power Battery Pack）。它是能够通过专用装置，必要时可人工协助，在短时间（一般不超过 5 min）内完成更换并可以在非车载情况下进行充电的蓄电池包，简称快换蓄电池包。

（4）动力蓄电池系统（Power Battery System）。它是一个或一个以上蓄电池包及相应附件（蓄电池管理系统、高压电路、低压电路、热管理设备以及机械总成）构成的为电动汽车整车提供电能的系统。

从概念中可以看出，动力电池系统是以上电池包的有机结合，电池箱是电池包的组成部件之一，是动力电池、电池管理系统等的安装和承载单元。

6.3.2　电池包的功能要求

电池包是电池系统的有机构成，是电池系统在电动车辆上安装的基本单元。对于整车而言，电池包的结构直接关系到整车的布置和安装；对于电池而言，电池包的内部尺寸确定了电池的布置和结构形式；对于电动汽车的能源供应商而言，电池包的安装固定形式直接决定了电池能量补给的方式（充电、更换还是充换兼容）。因此，电池包的结构和功能受到电动车辆整车及部件设计者、能源供应商、使用者的普遍关注。

总体而言，对电池包的要求应该包括满足车辆应用需要的电气性能要求以及防水、防尘、防火、防振、对车体绝缘等防护功能，具体如下。

1. 电气性能

电压：电池系统的电压由构成系统的电池包构成，要求各电池包电压的总和应为电动车辆驱动系统要求的电压。

比能量：电池包的比能量有别于电池单体，在计算电池包的比能量时需要包含电池箱、电池管理系统、电池间的连接件等辅助部件。因此，电池包的比能量（质量比能量和体积比能量）应低于单体电池的比能量，并且比能量与单体电池比能量越接近，说明电池包的总体设计越合理，轻量化越好。

温控能力：电池包内应具有电池冷却、加热、保温等部件构成的电池热管理系统，具备控制电池包内温度在电池适宜工作温度范围的能力。

2. 机械强度

动力电池包在电动车辆上安装应用，因此必须满足车辆部件的耐振动、耐冲击、耐跌落、耐烟雾等强度要求，保证可靠应用。

3. 安全要求

IP 防护等级：为满足防水、防尘要求，电池包应满足一定的 IP 防护等级，根据车辆的总体要求，对于电池包，一般的 IP 防护等级要求不低于 IP55。

电气绝缘性能：现阶段电池包外壳多采用金属材料制成，要求在符合表 6-1 要求的电压条件下，电池包正极和负极与金属外壳之间的绝缘电阻应大于 10 MΩ。

表 6-1 绝缘电阻试验的电压等级

电池包额定工作电压（单箱）U_i/V	绝缘电阻测试仪器的电压等级/V
$U_i \leqslant 60$	250
$60 < U_i \leqslant 300$	500
$300 < U_i \leqslant 750$	1 000

电气保护功能：主要用于极端工况下，通过电池管理系统实现电池包的高压断电保护、过流断开保护、过放电保护、过充电保护等功能。

4. 接口与通信协议

电池包具有对外的电能输出能力，需要与电动车辆的用电设备进行连接和通信。相应的电气接口和机械接口在满足安全、可靠的前提下，需要满足国家和行业相关标准要求。

6.3.3 电池包的结构设计

根据内部电池的种类可以分为锂离子电池包和镍氢电池包等；根据是否可以快速装卸，可以分为快换式电池包和不可快换式电池包；根据电池包的外形是否为规则几何形状，可以分为矩形电池包和异形电池包。

根据整车要求的不同，电池包的结构形式多种多样。下面以一款电动客车可更换式电池包的设计进行电池包的结构介绍。

电池包总体分为内、外箱体两部分，外箱体固定在车架上，内箱体通过外箱体内部滚轮支撑，电磁锁锁止固定在外箱体上。采用双层结构面板设计，中间层布置电池管理系统、快熔丝、手动检测机构、通风风扇、快换系统吸盘等部件，实现了电池模块化封装，电池箱及其组件的集成，便于布线、安装和维护，并且支持快速更换。

外箱体：整体结构采用钢板冲压成形，外部作喷塑处理，内部喷涂防火绝缘漆，为电池安装提供一个防水、防火、通风的空间。

内箱体：供电池单体安装、固定，并作为电池管理系统、高压防护系统、通风系统及快速更换接口等的安装空间。内箱体作为电池的直接载体，可实现电池在车体上和存储平台之间的快速更换和插接。动力线和通信线的插头和插孔分别安装在电池外箱和内箱上。

为适应于自动快速更换的需要，电池内外箱采用了多级渐进定位方式和结构。在电池箱进入外箱时，通过内箱底部凸缘与外箱滚轮凹槽滑道配合，实现一次电池箱定位导向，并通过单侧滑道防止电池箱错位或倒置，定位精度 2 mm。内箱推入外箱纵深 9/10 深度后，外箱定位销与内箱定位孔进入配合状态，实现二次定位，定位精度 0.5 mm。动力线连接件及通信线连接件采用浮动定位方式，浮动范围 2 mm，可以消除装配过程累计误差，并在车辆运行过程中，消除振动造成的内、外箱相对误差。

由于现阶段电池比能量的问题，为了达到满足车辆用户需求的续驶里程，电池系统占整车的质量比例较高，在 10% ~ 20%。因此电池包在整车上的布置位置对电动车辆的性能和布置结构有很大的影响。

按照轴荷分配质量的布置位置，可分为前轴前、后轴后和两轴之间三个位置。一般情况下，纯电动汽车电池包采用多个位置布置以满足轴荷平衡需要的较多。图 6 - 6 所示为电动客车骨架，电池分别置于两轴间以及后轴后的位置。混合动力电动汽车由于电池比较少，采用单一位置进行电池布置，如图 6 - 7 所示的 Prius 混合动力电动汽车电池包位置示意图。

图 6 - 6　电动客车骨架

图 6 - 7　Prius 混合动力电动汽车电池包位置示意图

也有部分电动车辆的电池布置于车轴上方，如图6-8所示的电动游览车，部分电池置于前、后轴上及座位下方。

图6-8　轴上布置电池示意图

6.4　动力电池的梯次利用与回收

6.4.1　动力电池梯次利用

动力电池梯次利用是指当动力电池不能满足现有电动车辆的功率和能量需求时，继续将其转移应用到对动力电池能量密度、功率密度要求低一个等级的其他领域，达到充分发挥其剩余价值的目的。动力电池的梯次应用，简单地讲，即通过电池在不同性能要求的领域的传递使用，达到充分利用电池性能，实现动力电池在动态应用中报废，以降低电池使用成本的目标。

例如，考虑城市电动公交客车、市政电动特种用途车以及遍布全国各地的风景旅游区用电动观光车对于整车续驶性能、加速性能、最高车速等性能要求的差异导致的在动力电池组配备上对储能容量、功率需求呈现递减梯度。在前一种应用形态下，动力电池经过一定的充放电循环后，电池容量衰退到本梯次应用的最小容忍值，可转移应用为下一梯次电动汽车作为动力源。以100 A·h锂离子动力电池单体为例，可将应用梯次依据容量划分为四个梯次，如表6-2所示。

表6-2　电动汽车梯次划分（按电池容量）

项目梯次	1	2	3	4
电池容量/(A·h)	80～100	60～80	40～60	<40
适用车型	大型公交客车、高速电动汽车	城市特殊用途车、市政用车等	低速电动微型车、旅游观光车	电站UPS储能

在此规划中，城市道路用车对电池的比能量和比功率要求最高，在第一梯队；城市中应用的特殊用途车、市政用车由于不需要高速行驶划分在第二梯队；在城乡接合部应用的低速电动微型车、旅游观光车现阶段应用以铅酸蓄电池为主，应用容量衰退到原有容量50%左

右的锂离子电池，能量密度仍大于铅酸蓄电池，可以获得比原有铅酸蓄电池更好的性能，因此可以应用；在该阶段应用后，可将电池应用于电力储能，在这个阶段与常用的储能用铅酸蓄电池能量密度相当。

电池梯次利用理论研究处于起步阶段，其关键技术包括电池梯次分类的判定技术、应用于多级转运的电池组的模块化、标准化设计技术以及在管理上梯次利用供应链的形成机制等。

6.4.2　动力电池回收

动力电池回收是指动力电池在功率和能量方面均完全失去使用价值之后，通过一定的途径由相关机构或企业收集，并采用化学或物理方法分离出各种有利用价值的元素，减少或消除对环境带来的负面影响的行为。

由于电动汽车尚未普及，世界上仅有一些大的汽车公司针对特定市场开展了动力电池的回收处理工作。日本丰田（Toyota）汽车公司生产的 Prius 混合动力电动汽车，采用的是镍氢电池，其电池回收处理模式已经基本形成。丰田在欧洲已经建立了电池回收处理网络，电池回收工作相当规范。部分发达国家也开展了一些有关动力电池回收处理的研究工作，如美国能源部从 1990 年开始立法要求回收电动汽车电池，美国三大汽车公司已经开始联合研发镍氢电池和锂离子电池回收处理技术，美国的阿岗实验室也一直在开展电动汽车电池回收的研究工作。

我国对于动力电池的回收技术和回收体系尚在研究和建设过程中，随电动车辆的大量应用，废旧电池的回收利用问题必将在不久的将来成为电动车辆产业发展带来的负面效应之一，应尽快建立起有效的电池回收体系，实现工程化，以市场为主导，建立专业的动力电池回收处理机制。

 习题

1. 常用电动车辆能耗经济性评价参数有哪些？
2. 简述动力电池包的功能要求。
3. 简述动力电池能量回收的概念。

第7章
电动汽车充电技术

本章学习目标

◆ 了解电动汽车对充电设备的要求，电动汽车充电设备的类型，电动汽车充电方法和充电方式。

◆ 熟悉电动汽车车载充电机的组成、技术参数、充电接口和充电过程。

◆ 熟悉电动汽车非车载充电机的组成、技术参数、充电接口和充电过程。

◆ 了解电动汽车充电站的结构与原理。

导读

电动汽车市场的快速扩张，使得与电动汽车相配套的充换电站成为一种新兴产业，在世界各地，电动汽车充换电站纷纷涌现，对电动汽车的进一步推广普及起到了积极的推动作用。2015 年以来我国接连出台了《关于加快电动汽车充电基础设施的指导意见》和《电动汽车充电基础设施发展指南（2015—2020 年）》，明确提出到 2020 年要完成 500 万辆电动汽车配套建设相应规模的充电基础设施的任务目标。反之，电动汽车产业能否得到快速发展，充电技术是关键因素之一。智能、快速的充电方式成为电动汽车充电技术发展的趋势。

7.1 概述

7.1.1 电动汽车对充电设备的要求

电动汽车充电设备是指与电动汽车或动力电池相连接，并为其提供电能的设备，是电动汽车充电站最主要的设备。

电动汽车对充电设备的基本要求如下：

（1）安全性。电动汽车充电时，要确保人员的人身安全和蓄电池组的安全。

（2）方便性。充电设备应具有较高的智能性，不需要操作人员过多干预充电过程。

（3）经济性。成本经济、价格低廉的充电设备有助于降低整个电动汽车的成本，提高运行效益，促进电动汽车的商业化推广。

（4）效率高。高效率是对现代充电设备最重要的要求之一，效率的高低对整个电动汽车的能量效率具有重大影响。

（5）对供电电源污染要小。采用电力电子技术的充电设备是一种高度非线性的设备，会对供电网及其他用电设备产生有害的谐波污染，而且由于充电设备功率因数低，在充电系统负载增加时，对其供电网的影响也不容忽视。因此，要求充电设备对整个供电网污染要小。

7.1.2 电动汽车充电设备的类型

电动汽车充电设备的类型有很多，一般分为非车载充电机、车载充电机、交流充电桩、直流充电桩和交直流充电桩等。

1. 非车载充电机

非车载充电机是指安装在电动汽车车体外，将电网的交流电能变换为直流电能，采用传导方式为电动汽车动力电池充电的专用装置。图 7-1 所示为某企业生产的电动汽车非车载充电机。

非车载充电机一般由高频开关电源模块、监控单元、人机操作界面、与电动汽车相连的电气接口、计量系统和通信接口等组成。

2. 车载充电机

车载充电机是指固定安装在电动汽车上运行，将交流电能转换为直流电能，采用传导方式为电动汽车动力电池充电的专用装置。图 7-2 所示为某企业生产的电动汽车车载充电机。

图 7-1　电动汽车非车载充电机　　　　　图 7-2　电动汽车车载充电机

车载充电机由交流输入接口、功率单元、控制单元、直流输出接口等部分组成，充电过程中宜由车载充电机提供电池管理系统、充电接触器、仪表板、冷却系统等低压用电电源。

3. 交流充电桩

交流充电桩是指固定在电动汽车外，与交流电网连接，采用传导方式为具有车载充电装置的电动汽车提供交流电源的专用供电装置。交流充电桩只提供电力输出，没有充电功能，需连接车载充电机为电动汽车充电。图 7-3 所示为电动汽车交流充电桩。

图 7-3　电动汽车交流充电桩

交流充电桩由桩体、电气模块和计量模块三部分组成。桩体外部结构包括外壳和人机交互界面；电气模块包括充电插座、供电电缆、电源转接端子排、安全防护装置等；计量模块包括电能表、计费管理系统、非接触式读写装置等。

4. 直流充电桩

直流充电桩是指固定在电动汽车外，与交流电网连接，可以为非车载电动汽车动力电池提供小功率直流电源的供电装置。直流充电桩的输入电压采用三相四线 AC380V（1±15%），频率50 Hz，输出为可调直流电，直接为电动汽车的动力电池充电。图 7-4 所示为电动汽车直流充电桩。

直流充电桩主要由监控器、电度计量表、读卡器、人机交互界面、通信模块及充电接口、执行机构和户外柜体等部分组成。

5. 交直流充电桩

交直流充电桩是采用交直流一体的结构，既可实现直流充电，也可以实现交流充电。白天充电业务多的时候，使用直流方式进行快速充电，当夜间充电站用户少时可用交流充电进行慢充操作。图 7-5 所示为电动汽车交直流充电桩。

图 7-4　电动汽车直流充电桩　　　　　图 7-5　电动汽车交直流充电桩

7.1.3 电动汽车充电方法

电动汽车蓄电池充电方法主要有常规充电方法和快速充电方法。

1. 常规充电方法

常规充电方法包括恒流充电法、恒压充电法和阶段充电法。

1）恒流充电法

恒流充电法是指充电过程中使充电电流保持不变的方法。恒流充电具有较大的适应性，容易将蓄电池完全充足，有益于延长蓄电池的寿命；缺点是在充电过程中，需要根据逐渐升高的蓄电池电动势调节充电电压，以保持电流不变，充电时间也较长。电池的可接受电流能力随着充电过程的进行而逐渐下降，到了充电后期，充电电流多用于电解水，产生气体，此时电能不能有效转化为化学能，多变为热能消耗掉了。

恒流充电是一种标准的充电方法，分以下 4 种类型：

（1）涓流充电，即维持电池的满充电状态，恰好能抵消电池自放电的一种充电方法，其充电电率对满充电的电池长期充电无害，但对完全放电的电池充电，电流太小。

（2）最小电流充电，是指在能使深度放电的电池有效恢复电池容量的前提下，把充电电流尽可能地调整到最小的方法。

（3）标准充电，即采用标准速率充电，充电时间为 14 h。

（4）高速率（快速）充电，即在 3 h 内就给蓄电池充满电的方法，这种充电方法需要自动控制电路保护电池不损坏。

2）恒压充电法

恒压充电法是指充电过程中保持充电电压不变的充电方法，充电电流随蓄电池电动势的升高而减小。合理的充电电压，应在蓄电池即将充足时使其充电电流趋于 0。如果电压过高，会造成充电初期充电电流过大和过充电；如果电压过低，则会使蓄电池充电不足。充电初期若充电电流过大，则应适当调低充电电压，待蓄电池电动势升高后再将充电电压调整到规定值。

恒压充电的优点是：充电时间短，充电过程无须调整电压，较适合于补充充电；缺点是：不容易将蓄电池完全充足，充电初期大电流对极板会有不利影响。

3）阶段充电法

该方法包含多种充电方法的组合，如先恒流后恒压充电法、多段恒流充电法、先恒流再恒压最后恒流充电法等。常用的为先恒流后恒压的充电方式，如铅酸蓄电池、锂离子电池常采用这种方式充电。

2. 快速充电方法

为了能够最大限度地加快蓄电池的化学反应速度，缩短蓄电池达到充满电状态的时间，同时保证蓄电池正负极板的极化现象尽量少或轻，提高蓄电池使用效率，快速充电技术近年来得到了迅速发展。下面介绍几种常用的快速充电方法，这些方法都是围绕最佳充电曲线进行设计的，目的就是使充电曲线尽可能地逼近最佳充电曲线。

1）脉冲式充电法

首先用脉冲电流对电池充电，然后停充一段时间，再用脉冲电流对电池充电，如此循环，如图 7 –6 所示。充电脉冲使蓄电池充满电量，而间歇期使蓄电池经化学反应产生的氧气和氢气有时间重新化合而被吸收掉，使浓差极化和欧姆极化自然而然地得到消除，从而减轻了蓄电池的内压，使下一轮的恒流充电能够更加顺利地进行，使蓄电池可以吸收更多的电位。间歇脉冲使蓄电池有较充分的反应时间，减少了析气量，提高了蓄电池的充电电流接受率。

2）ReflexTM 快速充电法

这种技术是美国的一项专利技术，最早主要面对的充电对象是镍镉电池。这种充电方法缓解了镍镉电池的记忆效应问题，并大大降低了蓄电池快速充电的时间。如图 7 - 7 所示，ReflexTM 充电法的一个工作周期包括正向充电脉冲、反向瞬间放电脉冲和停充维持三个阶段。与脉冲式充电法相比，该方法加入了负脉冲的思想。近年来，这种充电方法在其他类型的电池上的应用也大量开展，用于提高充电速度并降低充电过程中的极化。

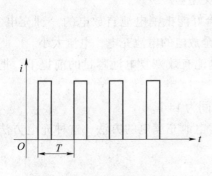

图 7 - 6 脉冲式充电曲线

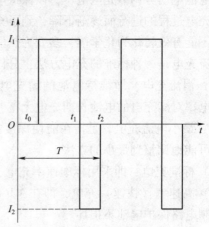

图 7 - 7 ReflexTM 快速充电曲线

3）变电流间歇充电法

这种充电方法建立在恒流充电和脉冲充电的基础上，如图 7 - 8 所示。其特点是将恒流充电段改为限压变电流间歇充电段。充电前期的各段采用变电流间歇充电的方法，保证加大充电电流，获得绝大部分充电量。充电后期采用定电压充电段，获得过充电量，将电池恢复至完全充电状态。通过间歇停充，使蓄电池经化学反应产生的氧气和氢气有时间重新化合而被吸收掉，使浓差极化和欧姆极化自然而然地得到消除，从而减轻了蓄电池的内压，使下一轮的恒流充电能够更加顺利地进行，使蓄电池可以吸收更多的电量。

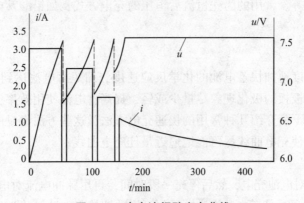

图 7 - 8 变电流间歇充电曲线

4）变电压间歇充电法

在变电流间歇充电法的基础上又有人提出了变电压间歇充电法，如图7-9所示。变电压间歇充电法与变电流间歇充电法的不同之处在于第一阶段不是间歇恒流，而是间歇恒压。

比较图7-8和图7-9可以看出，图7-9更加符合最佳充电的充电曲线；在每个恒电压充电阶段，由于是恒压充电，充电电流自然按照指数规律下降，符合电池电流可接受率随着充电过程逐渐下降的特点。

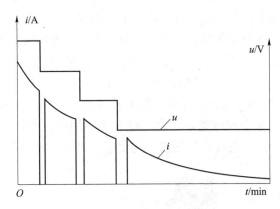

图7-9　变电压间歇充电曲线

5）变电压、变电流波浪式间歇正负零脉冲快速充电法

综合脉冲充电法、ReflexTM快速充电法、变电流间歇充电法及变电压间歇充电法的优点，变电压、变电流波浪式间歇正负零脉冲快速充电法得到发展应用。脉冲充电法充电电路的控制一般有两种：

（1）脉冲电流的幅值可变，而驱动充放电开关管（PWM）信号的频率是固定的。

（2）脉冲电流幅值固定不变，PWM信号的频率可调。

图7-10采用了一种不同于这两者的控制模式，脉冲电流幅值和PWM信号的频率均固定，PWM占空比可调，在此基础上加入间歇停充阶段，能够在较短的时间内充进更多的电量，提高蓄电池的充电接受能力。

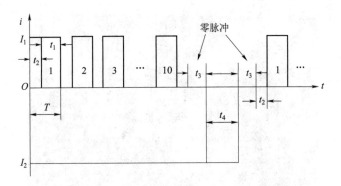

图7-10　波浪式间歇正负零脉冲快速充电曲线

7.1.4 电动汽车充电方式

电动汽车充电方式主要有常规充电方式、快速充电方式、更换电池充电方式、无线充电方式和移动式充电方式。

1. 常规充电方式

常规充电方式采用恒压、恒流的传统充电方式对电动汽车进行充电，相应充电器的工作和安装成本相对比较低。电动汽车家用充电设施（车载充电机）和小型充电站多采用这种充电方式。车载充电机是电动汽车的一种最基本的充电设备，如图 7-11 所示。充电机作为标准配置固定在车上或放在行李厢里。由于只需将车载充电器的插头插到停车场或家中的电源插座上即可进行充电，因此充电过程一般由客户自己独立完成。直接从低压照明电路取电，充电功率较小，由 220 V/16 A 规格的标准电网电源供电。典型的充电时间为 8 ~ 10 h（SOC 达到 95% 以上）。这种充电方式对电网没有特殊要求，只要能够满足照明要求的供电质量就能够使用。由于在家中充电通常是晚上或者是在用电低谷期，有利于电能的有效利用，因此电力部门一般会给予电动汽车用户一些优惠，如用电低谷期充电打折。

图 7-11 车载充电机充电方式

小型充电站是电动汽车的一种最重要的充电方式，如图 7-12 所示，充电机设置在街边、超市、办公楼、停车场等处。采用常规充电电流充电，电动汽车驾驶人只需将车停靠在充电站指定的位置上，接上电线即可开始充电。计费方式是投币或刷卡，充电功率一般为

图 7-12 小型充电站充电方式

5~10 kW，采用三相四线制 380 V 供电或单相 220 V 供电。其典型的充电时间是：补电 1~2 h，充满 5~8 h（SOC 达到 95% 以上）。

常规充电方式的主要优点：充电技术成熟，技术门槛低，使用方便，容易推广普及；充电设施配置简单，占地较少，投资少；电池充电过程缓和，电池能够深度充满，续航能力更长；充电时电池发热温和，不易发生高温短路或爆炸危险，安全性较高；接口和相关标准较低；充电功率相对低，对配电网要求降低，基础设施配套需求小；一般选择夜间充电，可避开傍晚用电高峰期，享受低谷电价优惠，节能效果较好。

常规充电方式的主要缺点：充电时间长，续驶里程有限，使用受到限制。用于有慢速充电需求的停车场所，如住宅小区停车场、社会公共停车场等。

2. 快速充电方式

快速充电方式以 150~400 A 的高充电电流在短时间内为蓄电池充电，与常规充电方式相比安装成本相对较高。快速充电也可称为迅速充电或应急充电，其目的是在短时间内给电动汽车充满电，充电时间应该与燃油车的加油时间接近。大型充电站（机）多采用这种充电方式。

大型充电站（机）的快速充电方式如图 7-13 所示，它主要针对长距离旅行或需要进行快速补充电能的情况进行充电，充电机功率很大，一般都大于 30 kW，采用三相四线制 380 V 供电。其典型的充电时间是 10~30 min。这种充电方式对电池寿命有一定的影响，特别是普通蓄电池不能进行快速充电，因为在短时间内接受大量的电量会导致蓄电池过热。快速充电站的关键是非车载快速充电组件，它能够输出 35 kW 甚至更高的功率。由于功率和电流的额定值都很高，因此这种充电方式对电网有较高的要求，一般应靠近 10 kV 变电站附近或在监测站和服务中心使用。

图 7-13 大型充电站（机）的快速充电方式

快速充电方式的主要优点：技术较为成熟，接口标准要求较低并逐渐统一；充电速度快，增加电动汽车长途续航能力，是一种有效的补充方案。

快速充电方式的主要缺点：充电功率较大，接口和用电安全提高，电池散热成为重要因素；电池不能深度充电，一般为电池容量的 80% 左右，容易损害电池寿命，需要承担更多的电池折旧成本；短时用电消耗大，对配电网要求较高，基础设施配套需求巨大；一般在白天和傍晚时间段充电，属于城市电力负荷高峰时段，对城市电网的安全性是一种威胁，而且不享受夜间电价打折。

3. 更换电池充电方式

更换电池充电方式采用更换动力电池的方法迅速补充车辆电能，更换电池可在 10 min 以内完成，理论上无限提升了车辆续驶里程。

图 7－14 所示为利用换电机器人为电动汽车更换电池。

图 7－14　利用换电机器人为电动汽车更换电池

更换电池充电方式的主要优点：电池更换就像传统的加油站加油；用户只需购买裸车，电池采用租赁，大幅降低了车辆价格；采用适合的充电方式保证电池的健康及电池效能的发挥，电池集中管理便于集中回收和维护，减小环境污染；选择夜间用电低谷时段慢速充电，降低服务机构运行成本，对电网起到错峰填谷作用。

更换电池充电方式的主要缺点：基础设施建设成本较高，占用场地大，电网配套要求高；需解决电动汽车更换电池方便问题，如电池设计安装位置、电池拆卸难易程度等；需要电动汽车行业众多标准的严格统一，包括电池本身外形和各项参数的标准化，电池和电动车接口的标准化，电池和外置充电设备接口的标准化等；电池更换容易导致电池接口接触不良等问题，对电池及车辆接口的安全可靠要求提高；电池租赁带来的资产管理、物流配送、计价收费等一系列问题，运作复杂性和成本提高。

4. 无线充电方式

电动汽车无线充电方式是利用无线电能传输技术对蓄电池进行充电的一种新型充电方式，主要有感应式、谐振式和微波无线电能传输三种形式。

（1）感应式无线电能传输是松散耦合结构，相当于可分离变压器。

（2）谐振式无线电能传输利用近场电磁共振耦合，可以实现电能中距离有效传输。

（3）微波无线电能传输是一种远场辐射型能量传输方式，由于其传输效率很低，而且容易对人体产生危害，因此不宜用于电动汽车无线充电。

相对于电动汽车的有线充电而言，无线充电具有使用方便、安全、可靠，没有电火花和触电的危险，无积尘和接触损耗，无机械磨损，没有相应的维护问题，可以适应雨雪等恶劣的天气和环境等优点。无线充电技术用于电动汽车充电可以降低人力成本，节省空间，不影响交通视线等。如果可以实现电动汽车的动态无线充电，则可以大幅减少电动汽车配备的动力电池容量，从而减小车体质量，降低电动汽车的运行成本。

有了无线充电技术，公路上行驶的电动汽车或双能源汽车可通过安装在电线杆或其他高层建筑上的发射器快速补充电能。电费将从汽车上安装的预付卡中扣除。

电动汽车无线充电示意图如图 7–15 所示。

图 7–15   电动汽车无线充电示意图

5．移动式充电方式

对电动汽车蓄电池而言，最理想的情况是电动汽车在路上巡航时充电，即所谓的移动式充电（MAC）。这样，电动汽车用户就没有必要去寻找充电站、停放车辆并花费时间去充电了。移动式充电系统埋设在一段路面之下，即充电区，不需要额外的空间。

接触式和感应式的移动式充电系统都可实施。对接触式的移动式充电系统而言，需要在车体的底部装一个接触拱，通过与嵌在路面上的充电元件接触，接触拱便可获得瞬时高电流。当电动汽车巡航通过移动式充电区时，其充电过程为脉冲充电。对于感应式的移动式充电系统，车载式接触拱被感应线圈所取代，嵌在路面上的充电元件被可产生强磁场的高电流绕组所取代。很明显，由于机械损耗和接触拱的安装位置等因素的影响，接触式的移动式充电对人们的吸引力不大。

目前的研究主要集中在感应式移动充电方式，因为它不需要机械接触，也不会产生大的位置误差。当然，这种充电方式的投资巨大，现在仍处于实验阶段。

7.1.5   电动汽车充电技术的发展趋势

电动汽车充电技术具有以下发展趋势：

（1）充电通用化。在多种类型蓄电池、多种电压等级共存的市场背景下，用于公共场所的充电装置必须具有适应多种类型蓄电池系统和适应各种电压等级的能力，即充电系统需要具有充电广泛性，具备多种类型蓄电池的充电控制算法，可与各类电动汽车上的不同蓄电池系统实现充电特性匹配，能够针对不同的电池进行充电。因此，在电动汽车商业化的早期，就应该制定相关政策措施，规范公共场所用充电装置与电动汽车的充电接口、充电规范和接口协议等。

（2）充电快速化。在目前动力电池比能量不能大幅度提高、续驶里程有限的情况下，提高充电速度，从某种意义上可以缓解电动汽车续驶里程短导致的使用不方便的问题。

（3）实现智能充电控制。电动汽车充电行为具有随机性和间歇性，会对电网造成诸多不利影响。如果能在提供方便安全的电动汽车充电服务的基础上，通过现代化的技术手段和管理方法，对电动汽车充电设施进行统一监控，实现充电网络一体化、自动化与智能化的充电设施管理与控制，可大幅度削弱电动汽车充电给电力系统带来的不利影响，甚至可将电动汽车充电设施作为电力系统的"友好负荷"，使其参与电力系统削峰填谷，有助于提高电力系统的运行效率和安全性。充电系统应该能够自动识别电池类型、充电方式、电池故障等信息，以降低充电人员的工作强度，提高充电安全性和充电工作效率。

（4）与新能源发电配合。新能源发电可利用的资源丰富、污染较少，甚至是零污染，可以在一定程度上缓解电力供应的紧张情况和环保压力。如能将充电设施与新能源发电集成接入电力系统，将在一定程度上削弱新能源接入对电力系统造成的不利影响，降低充电设施带来的负荷增量，提高可再生能源的利用率；在新能源丰富的郊区建立电动汽车充电站，同时在市区提供电池组更换服务，通过双向运输等方式促进电动汽车和新能源发电的发展。

（5）管理网络化。对于一些公共场合，例如大型市场的停车场、公交车总站等，为了适用数量大的电动汽车充电要求，就必须配备相当数量的充电器，如何对这些充电器进行有效的协调管理是一个不可忽视的问题。基于网络化的管理体制，可以使用中央控制主机来监控分散的充电器，从而实现集中管理、统一标准及降低使用和管理成本的目的。

（6）作为系统储能的组成部分。由于太阳能、风能具有随机性、波动性和不可控性，在含光伏发电、风力发电的微电网或配电网中，需配置一定容量的储能设备。若储能配置偏少，可能无法满足系统发电和用电之间的实时动态平衡；若储能配置过于充裕，将显著增加系统总投资费用，可能造成经济性变差。从电动汽车特性可知，只有在蓄电池荷电状态比较充裕时才可使用，因此当电动汽车的电量不足以行驶时，仍有一定的电量存储，可用于参与含分布式电源的微电网或配电网功率实时动态平衡。此外，电动汽车行驶时间通常较短，可在其大量的空置时间内参与电网运行，作为储能单元参与系统削峰填谷，减少系统静态储能设备的配置，提高系统的经济性。

（7）成为智能电网的重要组成部分。电动汽车是发展新能源汽车的重要方向，支持电动汽车发展的电网技术是智能电网的重要组成部分。目前，为充电设施安装智能电表、充电站双向通信设施等都是电动汽车充电的主要研究方向。智能电网的实现也依赖于对电网中各环节重要运行参数的在线监测和实时信息掌控，新兴的物联网可作为"智能信息感知末梢"，使管理更加集中化、统一化、智能化。将物联网应用于电动汽车充电有助于实现电动汽车的自动识别、自动报警、自动管理等功能，是推动智能电网发展的重要技术手段。

7.2 充电机

7.2.1 充电机的类型及性能要求

充电机是与交流电网连接，为动力电池等可充电的储能系统提供直流电能的设备。它一般可由功率控制单元、计量单元、充电接口、供电接口及人机交互界面等部分组成，实现充电计量等功能，并扩展具有反接、过载、短路、过热等多重保护功能及延时起动、软起动、断电记忆自起动等功能。

充电机技术涉及两个方面：

（1）充电机的集成和控制技术，主要是通过研究充电过程对电池使用寿命、温度、安全性等方面的影响，选择合理的拓扑结构，采取合适的充电方式，实现充电过程的动态优化及智能化控制，从而实现最优充电。

（2）充电监控技术，主要是规范充电机和充电站监控系统之间的通信协议，实现对多台充电机状态和充电过程的实时监控，并达到与其他监控系统、运营收费系统通信的功能。

1. 充电机的类型

电动车辆充电机根据不同的分类标准，可分为多种类型，如表 7 - 1 所示。

表 7 - 1　电动车辆充电机的类型

分类标准	充电机类型	
安装位置	车载充电机	非车载充电机
输入电源	单相充电机	三相充电机
连接方式	传导式充电机（接触式）	感应式充电机（非接触式）

1）车载充电机

车载充电机安装于电动车辆上，通过插头和电缆与交流插座连接。车载充电机的优点是在蓄电池需要充电的任何时候，只要有可用的供电插座，就可以进行充电。其缺点是受车上安装空间和质量限制，功率小，只能提供小电流慢速充电，充电时间一般较长。图 7 - 16 所示为电动轿车安装的 3 kW 车载充电机。

2）非车载充电机

非车载充电机一般安装于固定的地点，与交流输入电源连接，直流输出端与需要充电的电动汽车充电接口连接。非车载充电机可以提供大功率电流输出，不受车辆安装空间的限制，可以满足电动车辆大功率快速充电的要求。图 7 - 17 所示为向电动轿车提供快速充电的 50 kW 充电机。

图 7 - 16　某电动轿车安装的
3 kW 车载充电机

图 7 - 17　非车载充电机

3）传导式充电机和感应式充电机

传导式充电机的供电部分与受电部分有着机械式的连接，即输出通过电力电缆直接连接到电动汽车充电接口上，如图 7 - 18 所示，电动汽车上不装备电力电子电路。这种充电机结构相对简单，容易实现，但操作人员不可避免地要接触到强电，所以容易发生危险。

感应式充电机利用电磁能量传递原理，以电磁感应耦合方式向电动汽车传输电能，供电部分和受电部分之间没有直接的机械连接，如图 7 – 19 所示，两者的能量传递只是依靠电磁能量的转换，这种结构设计比较复杂，受电部分安装在电动车辆上，受到车辆安装空间的制约，功率受到一定的限制，但由于不需要充电人员直接接触高压部件，安全性高。

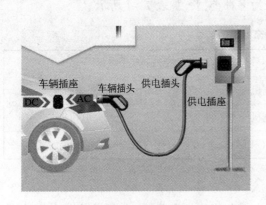

图 7 – 18　传导式充电

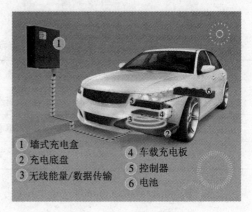

① 墙式充电盒　　　④ 车载充电板
② 充电底盘　　　　⑤ 控制器
③ 无线能量/数据传输　⑥ 电池

图 7 – 19　感应式充电

2. 充电机的性能要求

为实现安全、可靠、高效的动力电池组充电，充电机需要达到以下基本性能要求：

（1）安全性。保证电动汽车充电时，操作人员的人身安全和蓄电池组充电安全。

（2）易用性。充电机要具有较高的智能性，不需要操作人员对充电过程进行过多的干预。

（3）经济性。充电机的成本降低，对降低整个电动汽车使用成本，提高运行效益，促进电动汽车的商业化推广有重要的作用。

（4）高效性。保证充电机在充电全功率范围内高效率，在长期的使用中可以节约大量的电能。提高充电机能量转换效率对电动汽车全寿命经济性有重要作用。

（5）对电网的低污染性。由于充电机是一种高度非线性设备，在使用中会产生对电网及其他用电设备有害的谐波污染，需要采用相应的滤波措施降低充电过程对电网的污染。

7.2.2　电动汽车车载充电机

车载充电机具有为电动汽车动力电池安全、自动充满电的能力。充电机依据电池管理系统提供的数据，能动态调节充电电流或电压参数，执行相应的动作，完成充电过程。

1. 电动汽车车载充电机的组成

车载充电机由交流输入端口、功率单元、控制单元、低压辅助单元、直流输出端口等部分组成。车载充电机连接示意图如图 7 – 20 所示。

输入端口是车载充电机与地面供电设备的连接装置，当使用车载充电机对电动汽车充电时，推荐使用图 7 – 21 所示的典型引导电路作为充电接口连接状态及车载充电机输出的判断装置。

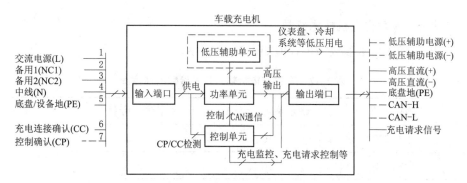

图 7-20　车载充电机连接示意图

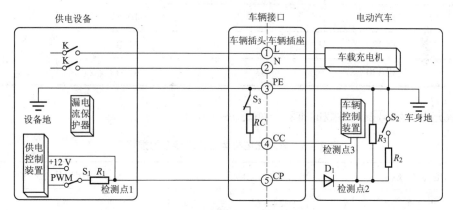

图 7-21　车载充电机输入控制引导电路

功率单元作为充电能量的传递通道，主要包括 EMI 抑制模块、整流模块、PFC 校正模块、滤波模块、全桥变换模块、直流输出模块，其作用是在控制单元的配合下，把电网的交流电转换成蓄电池需要的高压直流电。

控制单元主要包括原边检测及保护模块、过电流检测及保护模块、过电压/欠电压监测及保护模块、DSP 主控模块，其作用是通过电力电子开关器件控制功率单元的转换过程，通过闭环控制方式精确完成转换功能，并提供保护功能。

低压辅助单元主要包括 CAN 通信模块、辅助电源模块、人机交互模块，其作用是为控制单元的电力电子器件提供低压供电及实现系统与外界的联系。

输出端口是车载充电机与蓄电池之间的连接装置，车载充电机输出控制引导电路如图 7-22 所示。

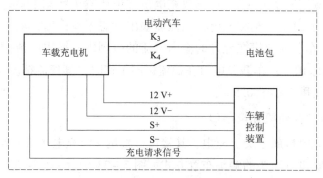

图 7-22　车载充电机输出控制引导电路

2. 电动汽车车载充电机技术参数

车载充电机输入技术参数的推荐值如表7-2所示。

表7-2　车载充电机输入技术参数的推荐值

序号	额定输入电压/V	额定输入电流/A	额定输入功率/kW	额定频率/Hz
1	单相 220	10	2.2	
2	单相 220	16	3.5	
3	单相 220	32	7.0	50
4	三相 380	16	10.5	
5	三相 380	32	21.0	
6	三相 380	63	41.0	

车载充电机输出技术参数的推荐值如表7-3所示。

表7-3　车载充电机输出技术参数的推荐值

输出电压等级	输出电压范围/V	标称输出电压推荐值/V
1	24～65	48
2	55～120	72
3	100～250	144
4	200～420	336
5	300～570	384、480
6	400～750	640

输出电流可根据各厂家蓄电池组电压情况设定。车载充电机在额定输入电压、额定负载的状态下，效率应不低于90%，功率因数应不低于0.92。

车载充电机的技术参数误差要求：输入电压波动范围为额定输入电压的±15%；输入电压频率波动范围为额定频率的±2%；车载充电机在恒压输出状态下运行时，其输出电压与设定电压的误差应为±1%；车载充电机在恒流输出状态下运行时，其输出电流与设定电流的误差应为±5%；车载充电机在允许的输出电流的范围内，输出电流的周期和随机偏差不能大于设定电流值的10%；车载充电机在稳流区间工作时，其稳流精度应小于1%，在稳压区间工作时，稳压精度应小于0.5%。

3. 电动汽车车载充电机充电接口

电动汽车车载充电机属于交流充电，其接口应满足交流充电接口的要求。

车载充电机车辆供电插头的触头布置方式如图7-23所示，车辆充电插座的触头布置方式如图7-24所示。

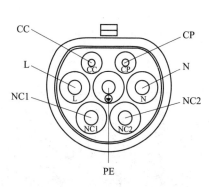

图 7 – 23　车载充电机车辆供电
插头的触头布置方式

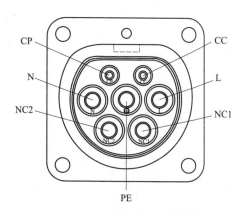

图 7 – 24　车载充电机车辆充电
插座的触头布置方式

在充电连接过程中，首先接通保护接地触头，最后接通控制确认触头与充电连接确认触头；断开过程与此相反。车辆充电接口的电气连接界面如图 7 – 25 所示，供电接口的电气连接界面如图 7 – 26 所示。

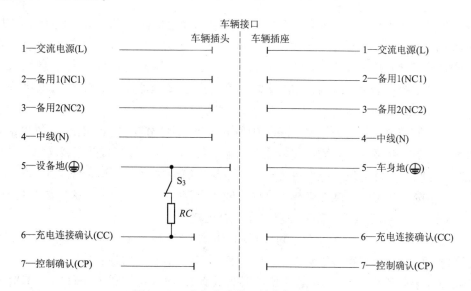

图 7 – 25　车辆充电接口的电气连接界面

4. 电动汽车车载充电机充电过程

利用车载充电机对电动汽车充电，充电过程如下：

（1）将车辆插头和插座插合后，车辆的总体设计方案可以自动启动某种触发条件，通过互锁或者其他控制措施使车辆处于不可行驶状态。

（2）电动汽车车辆控制装置通过测量图 7 – 21 中检测点 3 与 PE 之间的电阻值，判断车辆插头与车辆插座是否已完全连接。

（3）在操作人员对供电设备完成充电启动设置后，如供电设备无故障，并且供电接口已完全连接，则闭合 S_1，供电控制装置发出 PWM 信号，电动汽车车辆控制装置通过测量图 7 – 21 中检测点 2 的 PWM 信号，判断充电连接装置是否已完全连接。

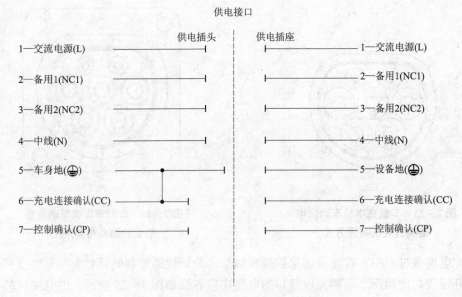

供电接口

1—交流电源(L) ——————————— 1—交流电源(L)

供电插头 | 供电插座

1—交流电源(L) ——————————— 1—交流电源(L)

2—备用1(NC1) ——————————— 2—备用1(NC1)

3—备用2(NC2) ——————————— 3—备用2(NC2)

4—中线(N) ——————————— 4—中线(N)

5—车身地(⏚) ——————————— 5—设备地(⏚)

6—充电连接确认(CC) ——————————— 6—充电连接确认(CC)

7—控制确认(CP) ——————————— 7—控制确认(CP)

图 7 – 26　车辆供电接口的电气连接界面

（4）在电动汽车和供电设备建立电气连接及车载充电机完成自检后，通过测量图 7 – 21 中检测点 2 的 PWM 信号确认充电额定电流值；车载充电机给电动汽车控制装置发送充电感应请求信号，同时或延时后给车辆控制装置供电；根据充电协议进行信息确认，若需充电则电动汽车控制装置发送需充电报文并控制充电接触器闭合，车载充电机按所需功率输出。

（5）车辆控制装置通过判断图 7 – 21 中检测点 2 的 PWM 信号占空比确认供电设备当前能提供的最大充电电流值；车辆控制装置对供电设备、充电连接装置及车载充电机的额定输入电流值进行比较，将其最小值设定为车载充电机当前最大允许输入电流；当判断充电连接装置已完全连接，并完成车载充电机最大允许输入电流设置后，车辆控制装置控制图 7 – 22 中 K_3、K_4 闭合，车载充电机开始对电动汽车进行充电。

（6）充电过程中，车辆控制装置可以对图 7 – 21 中检测点 3 的电压值及 PWM 信号占空比进行监测，供电控制装置可以对图 7 – 21 中检测点 1 的电压值进行监测。

（7）在充电过程中，当充电完成或者因为其他原因不满足充电条件时，车辆控制装置发出充电停止信号给车载充电机，车载充电机停止直流输出、CAN 通信和低压辅助电源输出。

7.2.3　电动汽车非车载充电机

作为推动电动汽车发展的重要因素，电动汽车充电站这一基础设施的建设显得尤为重要，没有充电站就相当于现在没有加油站，充电站的建设对于提供电动汽车远程旅行及提高续驶里程具有非常重要的作用，而作为充电站的核心，非车载充电机是必不可少的。

1. 电动汽车非车载充电机的组成

非车载充电机主要由充电机主体和充电终端两个部分组成，如图 7 – 27 所示。充电机主体通过三相输入接触器与电网相连，将交流电转换为输出电压、电流可调的直流电。输出经过充电终端的充电接口与电动汽车的蓄电池相连。充电终端面向用户，并与整流柜控制系统、电池管理系统、充电站监控系统等实现通信。充电终端也有一个单独的 MCU 控制系统，对整个终端进行管理。充电终端包括 IC 卡计费系统、打印系统、人机交互面板显示系统、电能测量系统，并与整流柜控制系统、电池管理系统、充电站监控系统等实现通信，它们之间的相互关系如图 7－28 所示。

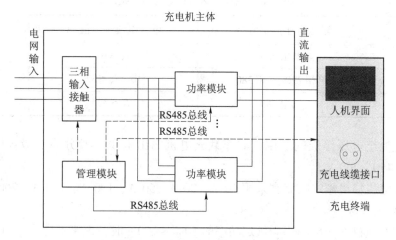

图 7－27 非车载充电机系统结构

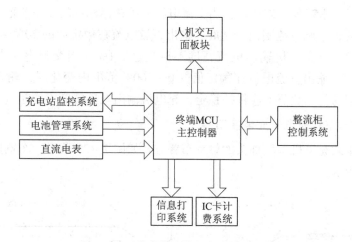

图 7－28 非车载充电机充电终端结构

功率模块是非车载充电机中实现能量传递的主体，是充电机中最关键的部件，单个功率模块难以实现充电机的大功率输出，必须选择分布式系统来实现，即多个相同的功率模块并联均流。

人机交互界面不但要提供充电时客户所关心的一些信息，还要提供给充电站维护人员一些必要信息，主要有电池类型、充电电压、充电电流、电能量计量信息，电池单体最高/最低电压，故障及报警信息等；在充电完成后，需要充电机打印输出交易信息，如用电度数、交易金额及充电时间等。

管理模块和充电终端及各功率模块进行数据交互，通过 RS485 总线下发正确的充电控制命令和参数设置命令给各功率模块。功率模块作为充电的具体执行模块，按照管理模块下发的命令上传自身参数，或者接收管理模块的命令，设置相关参数完成充电过程。管理模块和功率模块协同工作实现充电功能。

2. 电动汽车非车载充电机技术参数

电动汽车非车载充电机输入技术参数如表7-4所示。

表7-4 电动汽车非车载充电机输入技术参数

输入方式	输入电压额定值/V	输入电流额定值/A	频率/Hz
1	单相220	$I_N \leqslant 16$	
2	单相220/三相380	$16 < I_N \leqslant 32$	50
3	三相380	$I_N > 32$	

根据蓄电池组电压等级的范围，非车载充电机输出电压一般分为三级：150~350 V，300~500 V，450~700 V。

非车载充电机输出额定电流宜采用10 A、20 A、50 A、100 A、160 A、200 A、315 A、400 A、500 A。

当非车载充电机的输出功率为额定功率的50%~100%时，效率不应小于90%，功率因数不应小于0.9。

非车载充电机技术参数误差要求：当交流电源电压在标称值的±15%范围内变化，输出直流电压在规定的相应调节范围内变化时，输出直流电流在额定值的20%~100%范围内任一数值上应保持稳定，充电机输出电流精度不应超过±1%；当交流电源电压在标称值的±15%范围内变化，输出直流电流在额定值的0~100%范围内变化时，输出直流电压在规定的相应调节范围内任一数值上应保持稳定，充电机输出电压精度不应超过±0.5%。

3. 电动汽车非车载充电机充电接口

电动汽车非车载充电机车辆插头的触头布置方式如图7-29所示，车辆插座的触头布置方式如图7-30所示。

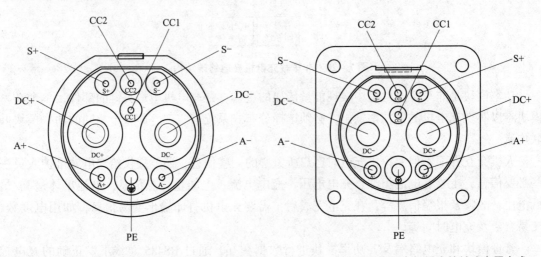

图7-29 非车载充电机车辆插头的触头布置方式　　图7-30 非车载充电机车辆插座的触头布置方式

车辆插头和车辆插座在连接过程中触头耦合的顺序为保护接地，直流电源正、直流电源负、车辆端连接确认，低压辅助电源正与低压辅助电源负，充电通信与供电端连接确认；在脱开的过程中则顺序相反。直流充电接口的连接界面如图7-31所示。

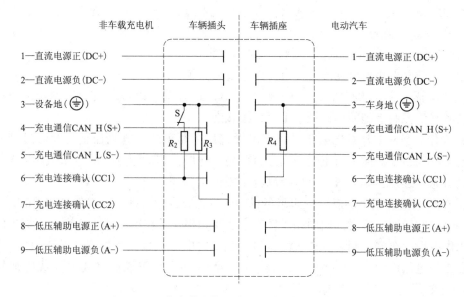

图7-31　非车载充电机直流充电接口的连接界面

4. 电动汽车非车载充电机充电过程

非车载充电机直流充电安全保护系统的基本方案如图7-32所示，包括非车载充电机控制装置，电阻 $R_1 \sim R_5$，开关S，直流供电回路接触器 K_1 和 K_2（可以仅设置1个），低压辅

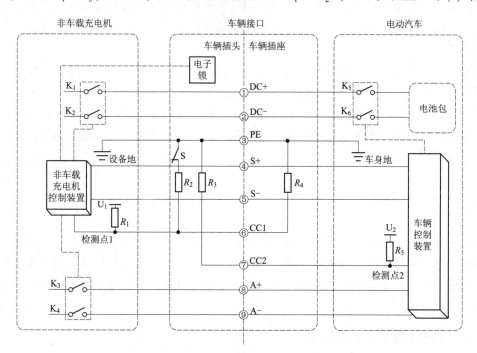

图7-32　非车载充电机直流充电安全保护系统基本方案

助供电回路接触器 K_3 和 K_4（可以仅设置 K_3），充电回路接触器 K_5 和 K_8（可以仅设置1个），电子锁及车辆控制装置，其中车辆控制装置可以集成在电池管理系统中。电阻 R_2 和 R_3 安装在车辆插头上，电阻 R_4 安装在车辆插座上。开关 S 为车辆插头的内部常闭开关，当车辆插头和车辆插座完全连接后，开关 S 闭合。在整个充电过程中，非车载充电机控制装置应能监测接触器 K_1、K_2，接触器 K_3、K_4 及电子锁状态并控制其接通及关断；电动汽车车辆控制装置应能监测接触器 K_5 和 K_6 状态并控制其接通及关断。

利用非车载充电机对电动汽车充电，充电过程如下：

（1）将车辆插头和插座插合后，车辆的总体设计方案可以自动启动某种触发条件，通过互锁或者其他控制措施使车辆处于不可行驶状态。

（2）操作人员对非车载充电机进行充电设置后，非车载充电机控制装置通过测量检测点 1 的电压值判断车辆插头与车辆插座是否已完全连接，如检测点 1 的电压值为 4 V，则判断车辆接口完全连接，非车载充电机控制电子锁锁止。

（3）在车辆接口完全连接后，如非车载充电机完成自检，则闭合接触器 K_3 和 K_4，使低压辅助供电回路导通，同时开始周期发送充电机辨识报文；在得到非车载充电机提供的低压辅助电源供电后，车辆控制装置通过测量检测点 2 的电压值判断车辆接口是否已完全连接；如检测点 2 的电压值为 6 V，则车辆控制装置开始周期发送车辆控制装置（或电池管理系统）辨识报文，该信号也可以作为车辆处于不可行驶状态的触发条件之一。

（4）车辆控制装置与非车载充电机控制装置通信完成握手和配置后，车辆控制装置闭合接触器 K_5 和 K_6，使充电回路导通，非车载充电机控制装置闭合接触器 K_1 和 K_2，使直流供电回路导通。

（5）在整个充电阶段，车辆控制装置通过向非车载充电机控制装置实时发送充电级别需求来控制整个充电过程，非车载充电机控制装置根据电池充电级别需求来调整充电电压和充电电流以确保充电正常进行。此外，车辆控制装置和非车载充电机控制装置还相互发送各自的状态信息。

（6）车辆控制装置根据电池系统是否达到满充状态或是否收到充电机中止充电报文来判断是否结束充电。在满足以上充电结束条件时，车辆控制装置开始周期发送车辆控制装置（或电池管理系统）中止充电报文，在一定时间后断开接触器 K_5 和 K_6；非车载充电机控制装置开始周期发送充电机中止充电报文，并控制充电机停止充电，之后断开接触器 K_1、K_2、K_3 和 K_4，然后电子锁解锁。

⊛ 7.3 充电站

充电站（Charge Station）主要是指快速高效、经济安全地为各种电动车辆提供运行中所需电能的服务性基础设施。为提高车辆的使用率和使用方便性，除采用动力电池车载充电以外，还可采取电动汽车动力电池系统与备用电池系统更换的方案使电动汽车获得行驶所必需的电能。

7.3.1 充电站主要功能与布局

充电站的主要功能决定其总体布局。一般来说，一个功能完备的充电站由配电区、监控区、充电区、更换电池区和电池维护区 5 个基本部分组成，如图 7 - 33 所示。根据充电站的规模和服务功能差异，在功能区设置上存在一定的差异。例如，不需要对电池进行更换的充电站将不需要设置更换区以及配备电池更换设备和大量电池的存储设备。

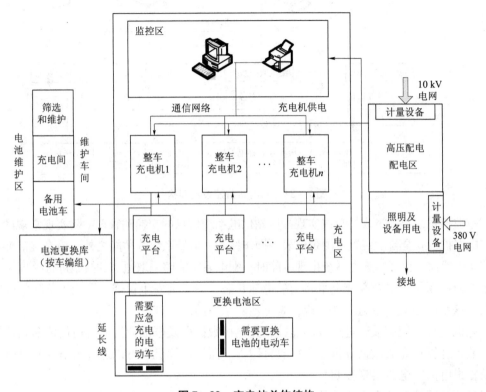

图 7 - 33　充电站总体结构

（1）配电区。配电区为充电站提供所需的电源，不仅给充电机提供电能，而且要满足照明、控制设备的需要，内部建有变配电所有设备、配电监控系统，相关的控制和补偿设备也需要加以考虑。配电室是整个充电站正常运行的基础。根据配电功率的需要，一般采用充电用负荷、监控和办公负荷分开供电的形式。

（2）充电区。充电区完成动力电池组电能的补给，是整个充电站的核心部分，配备各种形式的充电机，建设充电平台以及充电站监控系统网络接口，满足多种形式的充电需求，提供方便、安全和快捷的全方位充电服务。

（3）更换电池区。更换电池区是车辆更换电池和电池调度的场所，需要配备电池更换设备，同时应建设电池存储区域用于存放备用动力电池组。

（4）电池维护区。对所有的电池实时进行数量、质量和状态管理，开展电池重新配组、电池组均衡、电池组实际容量测试、电池故障的应急处理和日常维护等工作。

（5）监控区。监控区用于监控整个充电站的运行状况，包括充电参数监控、烟雾监控、配电监控等，可以扩展具备车辆运行参数监控、场站安保监控等功能，并完成管理状况的报表打印等。各监控子系统可通过局域网和 TCP/IP 协议与中央监控室以及上一级的监控中心进行连接，实现数据汇总、统计、故障显示以及监控功能。充电站监控系统构架如图 7 - 34 所示，一般采用分级并行结构。

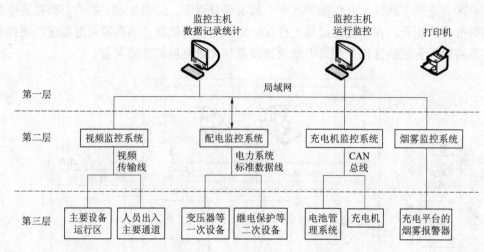

图7-34　充电站监控系统架构

配电监控系统要通过现场总线实现配电站供电系统信息的交换和管理,除实现常规的二次设备继电保护、安全自动装置、测量仪表、操作控制、信号系统等功能之外,该系统需要和监控系统实现通信,保证当充电系统出现故障时,配电系统能够采取适当的措施进行处理。

烟雾监控系统主要监视充电平台上的电池状态,当电池发生冒烟、燃烧等危险状况时发出警报。该系统独立于电池管理系统,是电池安全措施的一部分。

充电机监控系统完成充电过程的监控,充电机数据以及电池数据通过通信传输到监控计算机,监控计算机完成数据分析以及报表打印等。监控计算机也可以通过通信对充电机的起停以及输出电流、电压实现控制。

视频监控系统对整个充电站的主要设备运转以及人员进行安全监视。

7.3.2　充电站建设形式

由于电动汽车可以采用整车充电和更换电池的方式来进行电能补充,故充电站的建设形式较加油站有很大的灵活性。按建设和结构形式来划分,充电站可分为一体式充换电站、子母式电池更换站、停车式整车充电站。

1. 一体式充换电站

一体式充换电站根据作业车间布局的相对位置,可分为地面一体式充换电站、地下一体式充换电站和立体式充换电站等。该类充换电站以采用电池更换设备提供电池更换服务为主,也可提供少量整车应急充电服务。更换下的动力电池在站内实现电能补充。具有电动车辆能量补给速度快(一般5 min即可完成电池更换服务),服务能力强,自动化和专业化程度高,对电池性能要求较低,有利于增加电池寿命等优点,但也存在建站灵活性较低,备用电池和充电设备造成建设成本高,成本回收周期长,配电容量较大等缺点。

2. 子母式电池更换站

子母式电池更换站是指动力电池在母站集中充电,电池的更换作业在母站和各子站进行,通过配送体系将母站充满电的电池配送到各子站并将更换下的电池运送回母站集中充电,母站和子站也可提供少量应急充电服务的充电站。

子母式电池更换站由一个母站和若干子站构成，母站主要建立在城市中土地资源充裕、交通便利、离大型配电站近的地区，主要进行规模大、专业化程度高的集中充电作业；子站建立在城市中交通流量较大、电动车辆充电和电池更换需求旺盛、土地资源紧张的地区，主要提供电池更换服务。

子母站形式的充电站电池大规模集中充电，专业化、自动化程度高，有利于更好地监控电池的性能并作出专业化的处理，充分发挥电池的潜能，延长电池寿命，提高电池的充电安全性，也增强了辐射服务范围，缓解了充电站用地紧张的问题。但其也存在需要建立专用的配送服务体系，增加了系统复杂性，电池的利用率相对有一定程度的降低。母站作为高能储存场所，配电容量巨大，需要更加严格的措施来保证母站的安全性。

3. 停车式整车充电站

停车式整车充电站是指为车辆提供整车常规充电和应急快速充电的充电站，其本质就是一个配有一定数量充电机的停车场。

这种充电站依托现有的飞机场、火车站、酒店、医院、学校、购物场、超市、会议中心、旅游胜地和社区等停车场，在停车位附近设置常规充电机或快速充电机，利用车辆的停车间隙时间或者夜晚，为车辆提供小电流常规充电或大电流、短时快速充电服务。

由于停车式整车充电站对已有停车场影响小，可以利用的场地很多，因此具有灵活性大，配电容量小，对城市规划布局或现有设施影响小，服务范围广等优点。

7.3.3 典型电动汽车充电站

在我国国内目前建设的大型电动汽车充电站中，2008 年北京建设的奥运电动客车充电站是国际上第一个具有电池自动快速更换功能的充电站，2010 年上海建设的世博电动客车充电站是目前国际上规模最大的充电站。这两个充电站功能完善，充换电兼容，在设计和功能实现上具有典型性。下面以奥运电动客车充电站为例，进行充电站设计的介绍。

奥运电动客车充电站总占地面积为 5 000 m²，建设面积约 2 600 m²。在奥运期间为 50 辆电动客车提供 24 h 充电、动力电池更换服务以及相应的整车和电池维护保养服务。电动汽车充电站建设充分考虑了功能性、技术要求、经济效益和社会效益等多方面因素。充电站主体为一个封闭式充电间，主要组成部分有配电站、充电车间、停车区、办公区、车辆调度区。中央通道是需更换电池车辆通道，沿车道中心线对称为电池自动更换设备，自动更换设备后是对称工作链，实现车上电量耗尽电池与充完电电池的更换操作。车辆在快速更换区域通过自动更换机械实施电池分箱组合式快速更换，10 min 内可以完成一辆车的电池更换工作。

具体过程：电动车辆进站停到指定位置后，手动或机械自动打开电池仓门，更换设备通过激光定位，自动循迹找到电池箱位置，通过液力驱动直线导轨将电池搁置平台伸出与车体实现搭桥连接，电磁吸取装置动作实现电池箱解锁并拖出到电池搁置平台。电池拖出过程中，升降臂将根据车体刚度变化调整搁置平台高度，保持电池箱拖出过程平稳。另一侧更换设备从电池存储架上取电池的过程与从车上取电池类似。之后回转平台旋转 180°，实现电池换位。再次调整定位后，按照拖出电池过程的逆过程将电池分别推入电动客车电池仓和电池存储架，完成一组电池的更换工作。

电池存储平台再向外对称拓展为充电机，通过电力电缆和通信电缆实现与电池存储平台上的电池连接，对电池存储平台上待充电电池在单体电压、温度等极端单体参数监测条件下实施电池分箱充电。充电数据通过充电监控系统传输并记录在监控终端。

其他配电区、监控区、电池维护区等独立区域根据功能要求和安全要求进行统一布局。为保证电动客车在不同线路高效、有序运行，综合集成通信、计算机网络、GPS、GIS 等多项技术，根据电动汽车的特点和奥运应用工况需要，在充电站监控系统中集成了电动客车远程监控与调度系统，在充电站设置了电动汽车调度监控中心，进行车辆运行状态全方位控制和管理。

该站至今在为北京电动公交客车提供运行充电保障服务，由该站建设创建的对称式布局、充换电兼容的总体布局结构对国内外更换式充电站的设计和建设产生了深远的影响。

7.3.4　电动汽车光伏充电站

目前，电动汽车充电站主要是利用电网供电，如果电动汽车得到大量推广使用，必将额外消耗大量不可再生资源用于发电，煤、石油等化石能源在燃烧发电过程中又造成环境污染，加重了传统能源消耗和环境问题，因此，开发利用清洁的可再生能源给电动汽车充电站供电势在必行，光伏充电站是电动汽车未来最理想的充电站。

电动汽车光伏充电站可以分为两类，即离网运行的电动汽车光伏充电站和并网运行的电动汽车光伏充电站，目前应用较多的是并网运行的电动汽车光伏充电站。

并网运行的电动汽车光伏充电站主要由光伏电池阵列、储能电池组、多组 DC/DC 变流模块、交流电源、中央控制器等单元组成，如图 7 - 35 所示。

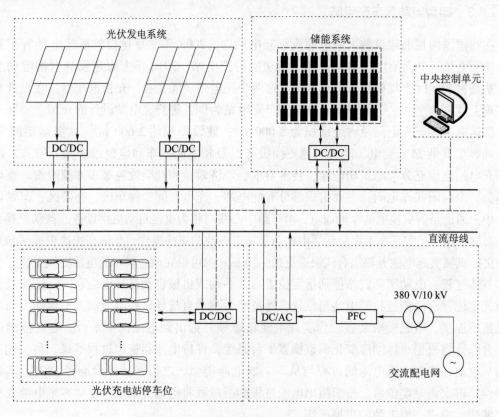

图 7 - 35　电动汽车光伏充电站系统结构

光伏电池阵列由太阳电池板串、并联组成，它吸收太阳能并发出直流电，经 DC/DC 变流模块接入充电系统，是站内电动汽车充电的主要电源。

储能电池组在系统中起能量储存和调节的作用，当光伏发电量过剩时，储存多余的电能；光伏不足时，由储能或与交流配网一起向电动汽车充电。

多组 DC/DC 变流模块作为光伏电池阵列、储能电池组和电动汽车充电系统的变流单元，其中，光伏发电系统和电动汽车充电系统使用能量单向流动的 DC/DC 模块，储能电池组使用能量双向流动的 DC/DC 模块。

DC/AC 变流模块作为交流配电网与光伏充电系统的连接单元，根据站内充电需要，将配电网输入的交流电转换为直流接入充电系统。

中央控制器协调系统内各组成单元正常运行，实现能量的监测与控制。

电动汽车光伏充电站的原理是利用高储能电池把太阳能发出的电量储存并及时提供给电动汽车充电使用或是给其他系统供应电力，而在太阳能发出的电量不足以满足充电站使用时可以从电网中输送电量到充电站中储存以便于及时给汽车提供电力。

光伏充电站的主要特点是：第一，光伏充电站不需要建设专门的电站或者电网来供电给充电站使用，也不需要加大电网的电容量。因为光伏发电系统不但有自身的发电功能，在遇到供不应求的情况时，光伏充电站系统会在电网低谷时段选择从国家电网购买电量储存在电容器里，这样不仅使充电站的电量能满足快速供给电动汽车充电而不影响电网的使用，而且对国家电网低谷时段的电力做了有效利用。相反，当国家电网到高峰时段用电压力较大时，也同样可以利用充电站储电优势反供电给电网。第二，因为储能光伏充电站是由多个储能电池组合成的，在遇到供不应求的情况下，也不需要重新建造更大的充电站，其扩大能量的方法非常简单，只要按需求增加电池组数量即可。这样在很大程度上节约了充电站的建设成本，也给充电站的长远发展提供了更多的可能性。

 习题

1. 电动汽车的充电设备有哪些？
2. 电动汽车的充电方法有哪些？
3. 什么是传导式充电机？什么是感应式充电机？二者各有什么特点？

参 考 文 献

[1] 曲万达. 汽车线控制动之硬件系统研究 [D]. 武汉：武汉理工大学，2006.

[2] 崔胜民，韩家军. 新能源汽车概论 [M]. 北京：北京大学出版社，2012.

[3] 杨海霞. 新能源汽车产业新起步 [J]. 中国投资，2009 (3)：59 - 61.

[4] 周占华. 推动新能源汽车加快发展 [N]. 经济日报，2009.

[5] 杨海霞. 新能源汽车的中国机遇 [J]. 中国投资，2008 (9)：28 - 37.

[6] 洪永福. 中国新能源汽车进展前景展望 [J]. 汽车科技，2009 (4)：7 - 10.

[7] 沈玲. 新能源汽车市场导入对策 [J]. 上海汽车，2009 (1)：37 - 40.

[8] 夏辑. 关于新能源汽车研发综述及倡议 [J]. 安徽科技，2009 (1)：26 - 29.

[9] 罗少文. 我国新能源汽车产业进展战略探讨 [D]. 上海：复旦大学，2006.

[10] 肖润谋. 我国新能源汽车进展战略探讨 [D]. 西安：长安大学，2005.

[11] 张可. 中国新能源汽车进展问题及对策 [Z]. 汽车蓝皮书——中国汽车产业进展报告，2009.

[12] 李金津. 对我国新能源汽车产业的进展思索及相关倡议 [J]. 工业技术经济，2008 (1)：6 - 8.

[13] 杨辉，卢文庆. 应用电化学 [M]. 北京：科学技术出版社，2001.

[14] Folkessona A, Anderssonb C, Alvfors P, et al. Real life testing of a hybrid PEM fuel cell bus [J]. Journal of Power Sources, 2003, 118 (1 - 2)：349 - 357.

[15] Adams V W. Possible fuel cells applications for ships and submarines [J]. Journal of Power Sources, 1990, 29 (1 - 2)：181 - 192.

[16] Nadal M, Barbir F. Development of a hybrid fuel cell/battery powered electric vehicle [J]. Int J Hydrogen Energ, 1996, 21 (6)：497 - 505.

[17] Thounthong P, Rael S, Davat B. Control strategy of fuel cell/supercapacitors hybrid power sources for electric vehicle [J]. Journal of Power Sources, 2006, 158 (1)：806 - 814.

[18] Yu D, Yuvarajan S. Electronic circuit model for proton exchange membrane fuel cells [J]. Journal of Power Sources, 2005, 142 (1 - 2)：238 - 242.

[19] 曹秉刚，曹建波. 超级电容在电动车中的应用研究 [J]. 西安交通大学学报，2008, 42 (11)：1317 - 1322.

[20] 徐文兵. 超级电容能量监控系统的研究与设计 [D]. 上海：上海交通大学，2008.

[21] 段练. 直接甲醇燃料电池阳极气液两相流动的研究 [D]. 济南：山东大学，2008.

[22] 王振. 质子交换膜燃料电池系统特性仿真研究 [D]. 济南：山东大学，2007.

[23] 翁史烈，翁一武. 熔融碳酸盐燃料电池动态特性的研究 [J]. 中国电机工程学报，2003, 23 (7)：168 - 172.

[24] 田玉冬, 吴军民. 熔融碳酸盐燃料电池的电气建模 [J]. 上海电机学院学报, 2007, 10 (4): 254-257.

[25] 丙菊. 固体氧化物燃料电池 (SOFC) 的建模与仿真 [D]. 上海: 上海交通大学, 2008.

[26] 叶开志, 吴志新, 郑广州. 固体氧化物燃料电池在电动汽车中的应用 [J]. 人民公交, 2008 (6): 42-44.

[27] 熊家柞. 直接内重整熔融碳酸盐燃料电池的建模与控制 [D]. 郑州: 郑州大学, 2007.

[28] 任东华. 质子交换膜燃料电池性能影响研究 [D]. 南京: 南京理工大学, 2007.

[29] 王远. 太阳能电池及其应用技术研究 [D]. 武汉: 华中科技大学, 2006.

[30] 冯垛生. 太阳能发电原理与应用 [M]. 北京: 人民邮电出版社, 2007.

[31] 王益全. 电动机原理与实用技术 [M]. 北京: 科学出版社, 2007.

[32] 王宏亮. 纯电动汽车整车建模与仿真 [D]. 哈尔滨: 哈尔滨工业大学, 2005.

[33] 王成. 电动汽车发展对能源与环境影响研究 [D]. 长春: 吉林大学, 2007.

[34] 田锐. 混合动力汽车用铅酸蓄电池均衡控制策略研究 [D]. 重庆: 重庆大学, 2005.

[35] 王源. 电动汽车用动力铅酸电池快速充电技术研究 [D]. 哈尔滨: 哈尔滨工业大学, 2006.

[36] 张玉龙. 镍氢动力电池智能管理系统的研究 [D]. 哈尔滨: 哈尔滨工业大学, 2007.

[37] 秦岭. 基于无刷直流电机的电动汽车驱动控制器的研制 [D]. 合肥: 合肥工业大学, 2007.

[38] 董昭. 无刷直流电动机控制系统的研究 [D]. 西安: 西安理工大学, 2007.

[39] 孙振川. 异步电机直接转矩控制理论和技术的研究 [D]. 济南: 山东大学, 2008.

[40] 张武荣. 异步电机矢量控制研究 [D]. 沈阳: 沈阳工业大学, 2007.

[41] 卢圣涛. 车用交流异步电机直接转矩控制系统研究与仿真 [D]. 武汉: 武汉理工大学, 2007.

[42] 姚海兰. 永磁同步电机直接转矩控制系统 [D]. 上海: 同济大学, 2008.

[43] 郝亚川. 基于永磁同步电机的电动汽车驱动系统研究 [D]. 北京: 北京工业大学, 2008.

[44] 高瑞. 基于卡尔曼滤波的永磁同步电机的无传感器算法研究 [D]. 哈尔滨: 哈尔滨工业大学, 2007.

[45] 张金柱. 永磁同步电动机在混合动力汽车上的应用 [J]. 上海汽车, 2005 (6): 32-35.

[46] 石小波. 电动车用开关磁阻电机低转矩脉动控制系统研究及实现 [D]. 长沙: 湖南大学, 2008.

[47] 李时伟. 开关磁阻电动机参数分析及控制系统研究 [D]. 哈尔滨: 哈尔滨工业大学, 2007.

参考文献

［48］［日］电气学会电动汽车驱动系统调查专门委员会. 电动汽车最新技术［M］. 康龙云，译. 北京：机械工业出版社，2008.

［49］［美］Ehsani M. 现代电动汽车、混合动力电动汽车和燃料电池车—基本原理、理论和设计［M］. 倪光正，译. 北京：机械工业出版社，2008.

［50］肖婷. 车用动力镍氢电池 SOC 建模与仿真［D］. 武汉：武汉理工大学，2008.

［51］曲荣利. 混合动力汽车镍氢电池充放电特性研究［D］. 大连：大连理工大学，2007.

［52］覃宇夏. 锂离子电池大电流放电影响因素的研究［D］. 长沙：湖南大学，2008.

［53］黄学杰. 浅谈混合电动汽车用锂离子电池［J］. 电池工业，2008，13（3）：187－190.

［54］安平，其鲁. 锂离子二次电池的应用与发展［J］. 北京大学学报（自然科学版），2006，42（s1）：1－7.

［55］杨妙梁. 国外车用锂离子蓄电池的应用与发展动向（一）［J］. 新能源汽车，2008（39）：30－33

［56］杨妙梁. 国外车用锂离子蓄电池的应用与发展动向（二）［J］. 新能源汽车，2008（52）：46－48.

［57］杨国胜. 电动汽车动力电池组热管理系统研究［J］. 科技创新导报，2015（4）：178－180.

［58］李军求，吴朴恩，张承宁. 电动汽车动力电池热管理技术的研究与实现［J］. 汽车工程，2016，38（1）：22－27.

［59］王鑫，蹇小平. 纯电动汽车动力电池性能测试方法研究［J］. 研究与开发，2011（02）：6－11.

［60］李相哲，潘宏斌. 蓄电池一致性探讨［J］. 电池工业，2005（10）：285－289.